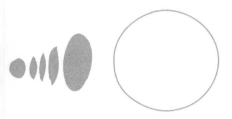

5G社会

从"见字如面"到"万物互联"

翟尤　谢呼 ◎著

電子工業出版社
Publishing House of Electronics Industry
北京·BEIJING

图书在版编目（CIP）数据

5G社会：从"见字如面"到"万物互联"/翟尤，谢呼著.—北京：电子工业出版社，2019.9

ISBN 978-7-121-37256-8

I.① 5… II.①翟… ②谢… III.①无线电通信－移动通信－通信技术－普及读物

IV.① TN929.5-49

中国版本图书馆 CIP 数据核字（2019）第 175378 号

作　　者：翟　尤　谢　呼
责任编辑：胡　南
印　　刷：三河市双峰印刷装订有限公司
装　　订：三河市双峰印刷装订有限公司
出版发行：电子工业出版社
　　　　　北京市海淀区万寿路 173 信箱　　邮编 100036
开　　本：720×1000　1/16　印张：16　字数：300 千字
版　　次：2019 年 9 月第 1 版
印　　次：2019 年 9 月第 1 次印刷
定　　价：68.00 元

凡所购买电子工业出版社图书有缺损问题，请向购买书店调换。若书店售缺，请与本社发行部联系，联系及邮购电话：（010）88254888，88258888。

质量投诉请发邮件至 zlts@phei.com.cn，盗版侵权举报请发邮件至 dbqq@phei.com.cn。

本书咨询联系方式：010-88254210，influence@phei.com.cn，微信号：yingxianglibook。

推荐序 1

　　每一代人都有属于他们的机遇。5G 是中国的机遇，也是每个中国人的机遇。

　　有人说，4G 改变生活，5G 改变社会。5G 将成为下一个改变世界的技术。根据美国高通公司和 HIS Markit 咨询公司联合发布的《5G 经济：5G 技术将如何影响全球》报告，我们得知，预计到 2035 年，5G 将在全球创造价值约 12.3 万亿美元的商品和服务，新增 2200 万个就业岗位。

　　相较于 2G 落后、3G 跟随、4G 并跑的情况，我国在 5G 技术研究方面处于全球领先地位，是全球信息通信产业中的重要力量。但是，5G

技术的发展不能仅依靠电信运营商的努力。要想充分发挥5G技术的潜力，需要各行各业找到其与5G技术的结合点，从而带来新产品、新业态，创造巨大的经济价值。

因此，建设优秀的5G网络不是最终目的。发挥5G网络的优势，各个产业抓住机遇进行变革才是关键。

在4G时代，我们已经构建了移动互联网生态，人们的衣食住行都和网络息息相关。5G时代，移动通信技术会突破人与人的联接，将构建出一个人与物、物与物的万物互联新时代。

5G对于经济社会发展的推动作用是巨大的，下一代移动通信技术将与超高清视频、智能家居、智能制造、远程医疗、自动驾驶等领域产生深度融合，为各行各业带来新的增长机遇。

5G会为我们带来无限的商业机会，重塑我国的产业结构，帮助企业完成流程优化和模式再造。谁能够顺应时代的步伐完成变革，谁就能够成为下一个十年的赢家。

邬贺铨

中国工程院院士、中国互联网协会理事长

推荐序2

　　近年来，信息通信技术逐步从个人消费者市场，向工业、制造业等垂直领域延伸，传统行业开始加快提升智能化、数字化水平。随着5G技术的普及应用，互联网和传统产业，尤其是制造业的融合将更加紧密。

　　技术创新在推动行业运行模式变革的同时，相关企业也开始启动组织架构调整来适应这种变化。例如，腾讯公司在2018年组织架构调整中着重强调产业互联网的重要性，并提出"成为各行业转型升级的数字化助手"的战略布局。

　　需要指出的是，新技术的普及不是孤立的，而是有更多的应用场景和不同技术间的融合。同时，消费者对技术的认知也需要更多具象化、有温度的感知，这样才能触发新技术的大规模普及应用。

《5G社会：从"见字如面"到"万物互联"》这本书深入浅出地介绍了移动通信技术的发展史，结合精彩案例对5G网络的特点进行了深度剖析，从VR/AR、云游戏、车联网、工业互联网、新闻传播五个典型行业入手，分析了5G前沿科技与社会产业融合发展的新趋势。本书把专业术语转化成大众读者能够看懂的语言，回答了大家关注的诸多热点问题。希望通过这本书能够使大家对5G有所了解。

卢山

腾讯高级执行副总裁

推荐序3

　　移动通信技术大约每隔十年就会更新换代一次。每一次的技术演进升级都会极大地推动经济社会发展进步。目前，移动通信正处于由4G向5G演进的历史关口。

　　与4G网络相比，5G网络具有更高速率、更低时延和更大用户联接能力等显著特征，不仅能满足人与人之间的通信，还能满足人与物、物与物之间的通信，将开启万物互联、人机交互、智能引领的新时代，对经济发展、社会进步将产生不可估量的重大影响。

　　一些国家将优先发展5G作为国家战略，并希望在未来的技术竞争中占据优势。根据GSMA的统计数据，我们得知，截至2019年第二季度，全球已有81个国家和地区的164家运营商开始进行5G技术测试和验证计划，宣布5G商用的有14个国家和地区的25家运营商。预计到2025年，5G商用的范围将扩展到全球118个国家和地区的413家运营商。5G将成为商用部署最快、用户发展最快的移动通信技术。

面对5G带来的巨大发展机遇，如何把握机遇并顺势而为，是每个人都要思考的问题。4G时代，移动互联网蓬勃发展，共享经济、移动支付、网络直播等新兴业态出现，相关产业快速崛起，孕育了一大批独角兽企业。国际咨询机构CB Insight发布的报告显示，截至2019年3月，全球估值10亿美元以上的独角兽企业达326家，其中，中国入围92家，占比接近三成。

目前，虚拟现实、人工智能、自动驾驶、工业互联网等一系列新兴产业正蓄势待发，5G技术若能规模商用，将极大促进这些新兴产业的快速发展，有望培育出更多的独角兽企业。未来，5G产业发展前景广阔，潜力巨大。

若想准确把握5G发展的新机遇，就需要对5G技术有全面深入的认识。本书从移动通信技术发展历程出发，全面分析了5G的技术优势，以产业的视角深入阐述了5G将如何解决通信行业发展的痛点。针对社会各界普遍关心的"5G将如何改变社会"等问题，作者详细介绍了5G在虚拟现实、车联网、工业互联网、文化创意等领域的融合应用，向我们展示了 5G 如何为设备赋智、为企业赋值、为产业赋能，勾勒出未来经济社会数字化、网络化、智能化转型发展的美好蓝图。

相信每一位读者都能在本书中感受到 5G 对社会带来的深刻改变和深远影响。5G 商用已全面开启，未知远远大于已知，让我们共同探索新技术，并积极拥抱美好未来！

张春飞

中国信息通信研究院政策与经济研究所副所长

推荐序4

　　移动通信技术随着应用及市场的需求不断发展。作为新一代移动通信技术，5G正获得日益广泛的关注。随着我国通信技术的商业化应用程度不断加深，5G过去只是在通信圈里探讨的技术原理，现在它正成为大众讨论的话题。

　　让更多国人认识5G、关注5G，是当前有价值、有意义的重要工作。经过几十年的积累，越来越多的中国企业走上了全球信息通信领域的最前沿，在5G方面积累了大量的技术、标准和专利。这些积累将会为我国的技术创新和产业应用奠定坚实的基础。

　　在普通用户眼里，5G带来的是更高的传输速率，我们可以几秒钟下载一部电影。但除此之外，我们会发现，5G真正的应用领域是在更加广阔的工业互联网，实现人与物、物与物之间的联接与通信，推动对时延要求更高、联接更加广阔的物联网场景加速落地。过去只能在电影里看到的远程医疗、无人驾驶等场景，很有可能随着5G的普及和完善，在不久的将来成为现实。这在未来将会给我们构建起一个内容丰富的应用生态体系。

当然，5G不是万能的，并不是说有了5G网络就可以解决通信领域的所有问题。未来很长一段时间内，5G将会和4G并存，4G仍然是大多数电信运营商运营的主要网络。5G只有和人工智能、大数据、云计算、物联网结合在一起，构建起技术集群，才能够更好地发挥5G大带宽、低时延、广覆盖的特点，创造出新的应用和平台。同时，随着移动边缘计算、网络切片等技术与5G的融合，关于数据、网络及信息安全的问题也将进一步成为业界关注的焦点。

作者根据他在移动通信领域中多年的工作经验及对5G技术的深刻理解，撰写了这本通俗易懂的5G科普读物。在本书中，作者深入浅出地介绍了5G技术的基本特点，并结合实际案例分析了5G可以应用的主要领域。特别值得一提的是最后一章，作者通过一问一答的形式回答了广大用户普遍关心的9个问题。可以说，本书为我们了解5G提供了一个非常好的媒介，能够帮助大众快速、精准地认识到我国在

5G移动通信技术上的发展状况。同时，作者指出了5G技术将给我们的工作及生活带来哪些变革。未来，希望有更多的专业人士能够参与到新技术、新业务的事业当中，让更多的用户了解我国技术创新的最新成果。

苏清新 博士

高智创新（北京）科技有限公司董事长

目　录

第 1 章

从1G到4G：

不得不说的通信发展史

推动全球数字化发展进程的关键技术层出不穷，例如，云计算、大数据、人工智能、区块链等。而联接一切创新技术的媒介是通信网络。

作为产业互联网的重要基础设施，第五代移动通信网络技术（以下简称"5G"）将助力经济社会数字化、网络化、智能化发展迈上新台阶。随着5G技术的商用落地，新的智能终端将会出现，新的生活模式将会产生。

你可能总是能听到"5G"这个词，但对它的含义并不完全理解。也许有人疑惑，买手机的时候，我们看到参数有8GB+128GB、6GB+64GB等；选择手机话费套餐包的时候，有6个G、8个G的流量包；使用手机的时候，左上角时而显示2G，时而显示4G；现在又提出5G。这么多的G，都是同样的意思吗？

其实，它们并不完全相同。

手机参数中的8GB+128GB，前一个8GB代表手机的运行内存（RAM），它影响的是手机操作时的运行速度。后一个128GB代表手机的内置存储空间（ROM），主要包括自身系统占据的空间和用户可用的空间，类似于我们计算机的硬盘，它影响手机能存储多少图片、视频等资源。这里的GB，指的是容量大小。B、KB、MB、GB是同一个序列的代表数据容量的单位符号。B是字节，KB是千字节，MB是兆字节，GB是吉字节。换算关系是，1KB=1024B，1MB=1024KB，1GB=1024MB。

手机话费套餐包里的流量，6个G其实是6GB的口语化说法，这里的GB和前文提到的吉字节是同一个意思。不过，手机参数中的GB更偏重的是静态储存的容量，而流量的GB偏重于数据通信的总量。

手机使用时会显示的2G、4G就是我们的移动通信网络了。这里的G和上面的数据容量就没有关系了。这里的G是英文Generation的首字母，即"代"。大家常说的"我们这一代人"中的"代"也是这种意思。2G是第二代移动通信网络技术，4G是第四代移动通信网络技术。我们说的5G就是第五代移动通信网络技术。这里的"代"其实没有固定的时间分隔标准，它主要根据通信网络技术的发展情况，由全球的移动通信技术专家认定。当技术发展到颠覆性变革的状态时，就成为下一个"代"。

移动通信技术于20世纪80年代初被提出，发展到当前讨论的第五代移动通信网络技术，移动通信技术已经历了四个重要的发展阶段。第一代模拟移动通信系统、第二代数字移动通信系统、第三代多媒体移动通信系统以及当前正在应用的第四代多功能集成宽带移动通信系统。这与1G到4G是一一对应的关系。回顾历史，我们发现，移动通信领域大约每隔十年就会出现新一代革命性技术，这些新技术正在不断推动经济社会的繁荣发展。

中国在 2008 年启动 3G 网络商用，五年之后启动 4G 网络商用，又在 2019 年启动 5G 网络商用。可以说，我国的通信技术更新频率要高于世界平均水平。从 3G 跟随，4G 并跑，再到 5G 领跑，中国的信息通信技术实现了跨越式发展。

回顾通信发展史，我们会发现，移动通信的发展时间并不长。但是，就是在这不到半个世纪的时间里，移动通信在需求拉动和技术发展的双轮驱动下快速迭代，并给我们的经济、社会和生活带来了翻天覆地的变化。

1G：美国独占鳌头

在 1G 时代，美国人在技术方面独占鳌头，成为移动通信领域的领跑者。早在第二次世界大战期间，摩托罗拉公司就发明了移动电话的雏形，那就是步话机（SCR-300）。这个步话机有十几千克重，移动起来不是很方便，需要一个人背着它。我们在有关第二次世界大战的电影里能够看到步话机的身影。

步话机能够实现 12.9 千米的无线通信，虽然这在当时那个技术背景下已经非常惊人了，但是它的通信距离还是十分有限，严格意义上讲，步话机还不能算是移动电话。

那么，真正的移动电话是什么时候发明的呢？

真正的移动电话的发明者是马丁·库帕（见图1-1），他是摩托罗拉公司的员工。在1973年，马丁·库帕发明了世界上的首款移动电话——先进移动电话系统（Advanced Mobile Phone Service，AMPS），也就是我们俗称的"大哥大"。当时，马丁·库帕拿着板儿砖大小的"大哥大"出现在了纽约街头，打出世界上的第一个移动电话，这个电话既不是打给美国总统，也不是打给摩托罗拉公司的CEO，实际上他向自己的竞争对手打了一通电话，极具讽刺意味。原来，当时有多个团队正在同时研发移动电话技术。这也说明，移动通信领域的竞争从一开始就非常激烈。

图 1-1 步话机和马丁·库帕的"大哥大"

马丁·库帕发明的移动电话是世界上第一部真正意义上的移动电话，它不但可以由单人携带，人们还能够在移动过程中保持通话。从此，全民移动通信的浪潮开始了。

所以，无论是步话机，还是第一部移动电话，美国的摩托罗拉公司都是当之无愧的领跑者。也许是被这个耀眼的光环迷惑住了，为了保持这个领先优势，美国联邦通信委员会（Federal Communications Commission）提出了长期保护1G网络运行的要求，迟迟不愿结束1G网络的运行年限。直到2003年才设定了关闭时间——2008年2月18日[1]。

我们国家于1987年年底，在广州首次引入了"大哥大"。对于当时的中国人来讲，移动电话绝对是稀罕物。与其说"大哥大"是个通信工具，倒不如说是身份的象征。

2G：欧洲奋起直追

美国人在1G时代领先，实现了从0到1的突破。但是1G网络使用的是模拟通信技术，通话质量不佳，保密性也较差。欧洲没有在1G

1　网优雇佣军.1G到5G之争：一部30年惊心动魄的移动通信史. 2018.12.13

时代抢占到先机，所以准备在新一代移动通信技术方面提前布局。于是，欧洲多个国家联合起来，在1982年成立了"移动专家组"来开展新一代通信标准研制，也就是2G标准的制定工作。这个标准就是大名鼎鼎的GSM（Global System for Mobile Communication）。之后，这个标准在欧洲快速形成规模，并向全球推广，最终被大多数国家采用。

GSM让欧洲在移动通信技术方面反超美国，成为全球2G时代的霸主。比如在1994年，德国的GSM用户渗透率已经达到了71%，但美国的2G用户渗透率只有0.1%。

同时，很多耳熟能详的欧洲企业在2G时代成为全球性跨国公司，比如诺基亚、爱立信等。诺基亚公司推出的手机机型在2G时代一直是最经典的机型。在2000年，诺基亚公司的出口额已经占到了芬兰商品和服务总额的24%[1]。爱立信公司更不必多说，即使在当下，它依旧是全球重要的通信设备商之一。

对于大部分中国人来说，我们使用的第一款手机采用的也是GSM制式。除了能够打电话之外，2G时代的手机还有一个重要功能就是能够发短信。我国是在1995年开始建设2G网络的，当时，中国很多人每个月仅短信就要发800～900条，甚至上千条。所以就有专家说，

1　网优雇佣军.1G到5G之争：一部30年惊心动魄的移动通信史. 2018.12.13

以文传意这种含蓄的沟通方式，更符合中国人的性格特点。

在诺基亚公司生产的功能机占据市场主流的年代，中国诞生了腾讯、阿里巴巴和百度等知名的互联网企业。在塞班操作系统下慢速浏览 Web 网页和使用 QQ 进行聊天，成为当时青年人的潮流行为。我们国家应用 2G 网络标准也有十多年时间，直到 2008 年才开始建立 3G 网络。

3G：中国实现从 0 到 1

3G 时代，一个突出变化就是，中国参与了通信标准的制定工作，在全球 3G 标准中，我们也占据一席之地，那就是 TD-SCDMA。

事实上，TD-SCDMA 这个标准在当时还是不够成熟，国内外很多人也在质疑：中国人能做自己的技术吗？即使做出来能够真正落地吗？顶着这么多压力和质疑，为了实现"通信强国"的梦想，进一步摆脱对外国技术、设备的依赖，在中国政府的支持下，中国移动获得了 TD-SCDMA 的商用牌照，并为整个 TD 产业的快速成熟、产业链完善立下了汗马功劳。在终端、设备、基站、测试等方面，我国的通信技术有了长足的进步，这也为我们国家在 4G 时代并跑、5G 时代引领全球通信行业发展奠定了基础。

3G时代另一个重要特征就是智能手机的出现（见图1-2）。乔布斯开发的iPhone智能手机问世，打破了诺基亚等公司开发的传统功能机一统天下的局面。利用智能手机，我们不仅能够打电话，还能够收听音乐、浏览图片、观看视频，并用手指在触摸屏上直接操作应用软件，外观上颠覆性地去掉了键盘的设计。由于用户的使用习惯发生变化，这个现实需求也导致通信业务发生转变，手机流量业务开始在3G时代崭露头角。

图 1-2 智能手机

4G：移动互联网生态

4G时代的一个重要特点是数据流量呈爆发式增长。移动通信的超高速率也让人眼前一亮，由此一来，PC端应用开始加速向移动端迁移，移动互联网已经成为人们生活不可或缺的组成部分。

还记得4G网络刚刚开始普及的时候，我们对流量很敏感，能用Wi-Fi的地方绝对不开移动流量。甚至还出现过手机忘记关闭移动流量数据而产生高额话费的新闻。这样的新闻放到当下，我们就当成笑话来看了。

现在，很多人每个月的手机流量有好几个G，甚至使用的是不限流量的数据套餐包。工业和信息化部公布的数据显示，截至2019年4月底，每个用户每个月平均使用流量7.32G。这在过去是难以想象的。

借助移动通信网络的快速建设和普及，中国经济结构也发生了深层次的变革。回顾2008全球公司市值排名，当时跻身前列的公司主要涉及银行、能源、房地产等领域。而根据2018年全球公司市值排名的情况，我们发现，十年的时间，排名靠前的公司所从事的领域已经转变为互联网、芯片、智能制造。全球公司市值前三十名的互联网企业中，中国占据了十家，民营企业的长足发展也成为这一时期最典型的代表。

4G时代，就是我们目前生活的当下。我们构建了移动互联网的生态，社交、游戏、电商、生活服务等业务都实现了移动化、APP化。新兴业态快速变革，影响着用户的衣食住行。外卖、打车、移动支付、短视频等业务，借助高速移动宽带网络的完善，开始在全社会快速普及。可以说，4G网络彻底改变了我们的生活。

整体来看，在1G时代，人们实现了移动通话的愿望。

2G时代，在通话的基础上，通信技术实现了模拟通信到数字通信的过渡，降低了应用成本，使移动通信走进千家万户。同时，手机增加了来电显示和短彩信功能。

3G时代的特征是在2G的基础上，实现了语音业务到数据业务的转变，人们可以用手机听音乐、看图片，移动数据流量业务开始快速增长。

4G时代，短视频成为当下的热门传播方式，移动数据流量业务已经反超通话、短信业务成为主流。移动互联网构建了全新的生态，引领全球发展。

与4G相比，5G应用场景从移动互联网拓展到工业互联网、车联网、物联网等更多领域，能够支撑更大范围、更深层次的产业数字化转型。5G与实体经济中的各行业、各领域深度融合，促进各类要素和资源的优化配置，使产业链、价值链融会贯通，使生产制造更加优质、供需匹配更加精准、产业分工更加深化，为传统产业优化升级赋能。

信息技术革命不断催生着各个行业的创新发展。人们对5G寄予了前所未有的期望，这也正是因为人们看到了信息通信技术在过去对整个经济社会已经带来的翻天覆地的变化。回顾2G到4G的发展史，我们会发现，我国互联网发展取得了举世瞩目的成果。

那么，5G时代会是什么样子，5G技术又会给我们带来哪些机遇和挑战呢？

第 2 章

为什么还需要5G：

4G技术遗留的痛点

在上一章中，我们介绍了从1G到4G的通信技术发展史。可能有朋友会说，我觉得4G很好用啊，无论是上网、玩儿游戏，哪怕是在地铁里看短视频也很方便。我现在还想象不出5G来了以后能有什么特别之处。似乎没什么需要改变的了，我们还需要5G吗？

事实上，一直以来都有人在质疑：5G技术到底有什么价值？

其实早在当年4G来临的时候，人们也提出了类似的问题。若我们站在现在的认知能力反过来考虑，我们的确需要4G技术来改变我们的生活。回顾移动通信发展史，我们会发现，每一次通信技术的迭代升级，都会使人类社会走上一个阶梯。

十年前，很多人根本没有想到今天的移动互联网对我们的生活会有如此巨大的影响。过去我们羡慕欧美发达国家使用信用卡消费那么便利。现在，中国的移动支付业务已经非常普及，让我们在移动金融领域实现了弯道超车。

根据过去每一次通信技术迭代升级给经济社会发展带来的动力，我们可以坚信，5G技术的到来一定会在接下来的十年留下浓墨重彩的一笔。那么，5G技术会给我们的生活、产业和社会带来哪些影响呢？

我们先来看看，当下有哪些问题是4G无法解决的。4G技术遗留下来的痛点，正是5G技术需要去弥补之处。

视频通话的痛点

通过手机进行视频通话、看短视频、看直播，已经成为我们的生活常态。

但广告宣传和现实总是有巨大的差距。就好像我们不能相信红烧牛肉口味的方便面打开以后真的会有大块的牛肉一样。广告宣传视频业务的时候，我们想象的场景是：虽然对方远在千里之外，但通过屏幕，我们能够感觉对方"近在咫尺"，对方的表情和妆容都能够看得非常清晰，传输过来的都是高质量的画面。

但是，在现实生活中，大家会发现，无论是进行视频通话，还是看短视频，虽然能够看到对方的音容笑貌，但是视频的画质差强人意，不够清晰，还经常有卡顿，不够流畅，视频被压缩得比较严重（见图2-1）。

图 2-1 视频通话效果理想与现实的差距

　　因此，理想很"丰满"，现实很"骨感"。人们期望在4G网络环境下传输高清的画面，依据现有的网络资源和容量情况，这个愿望很难实现。

密集人群的痛点

　　看演唱会、听音乐会一直是大家喜闻乐见的娱乐形式。很多人可能有过这样的经历，在演唱会现场人山人海的大合唱中，你有感而发，想把这个激动人心的场景拍下来，在朋友圈发表视频或者图片，但这个时候你会发现，文件很难发送出去。你在早晚高峰的地铁上可能也会遇到这种情况，在车厢中想发送一张图片，或者打开一篇公众号文章，经常信号很差，文件和链接打不开。

事实上，以上这些场景，就是大量人群在同一个时间、同一个地方出现的时候，通信需求量猛增，超过现有网络承载能力的表现。

所以，在演唱会或者体育场馆旁边，经常看到一种大型车辆，在车的侧面印着"应急通信"四个大字，车上竖起一根大天线。以此来缓解通信压力。

说得通俗一点，就是通信需求太多了，需要找帮手来帮忙处理这些通信业务。

自动驾驶的痛点

自动驾驶（见图2-2），一直是未来智慧交通的发展方向，自动驾驶有两个关键指标，即效率和安全性。目前，自动驾驶技术中95%的安全性问题已经得到了解决，但剩下的5%亟待解决的问题反倒是最重要的。

图 2-2 自动驾驶

例如，一辆自动驾驶的汽车在高速公路上以每小时120千米的速度行驶。如果出现紧急情况，自动驾驶的汽车会自动判断出汽车需要进行急刹车操作，那么根据现有网络的时延来计算，这个动作需要延后100毫秒才能形成真正的刹车操作。这辆车在这个时间里已经往前开出去3～4米的距离，交通事故可能已经无法避免了。

因此，对于自动驾驶或者远程医疗等应用来讲，想办法保持极低的时延，成为创新应用能否真正落地普及的关键。而现有的4G网络时延难以满足这类应用的需求。

海量终端的痛点

如果你还认为智能终端就是手机，那么你需要转变一下思维了。其实，在你身边已经出现了多种多样的智能终端。智能音箱、智能扫地机器人、智能门锁都开始走进寻常百姓的家里。手机、计算机、车载音箱等终端全部实现互联，而且这种互联互通的硬件将会越来越多。在未来，一个家庭里预计会有十几个、二十几个智能联网终端。联网设备的数量将在未来呈几何级增长。

我们可以想象这样一个场景。你在开车时使用智能车载音箱收听一首乐曲，当你把车停进车库以后，拿起手机下车，关上车门。车载音箱停止工作，而手机自动续播这首乐曲。当你打开家门，把手机放在桌上，去卫生间洗澡时，手机不再播放音乐，而淋浴房内配备的智能音箱将继续播放这段旋律，并且配合音乐的韵律喷洒出相应大小的水花。

窗帘、灯光、空调、净化器、洗衣机、冰箱、电饭煲，涉及生活方方面面的设备全部联接起来，根据你的一个指令，它们开始智能地分配各自的工作。如此多的智能终端需要联接，现有的4G网络在设计之初，是不曾预见这种需求的。就好比，一些老旧小区在设计之初，并没有预料到汽车会这样普及，因此当初没有将停车场规划在小区内。汽车挤占人行道停的现象就会使得行人、车辆的通行发生阻塞。通信网络也是同样的道理，在狭窄的数据通道中同时传输大量数据，将使通信功能瘫痪。

其他原因

除了前文提到的应用方面的痛点外，当前的4G网络还有两个发展现状是不容忽视的。

1. 个人用户增长缓慢

个人用户一直是移动通信消费的主力军。过去，"大哥大"是身份和地位的象征。近十年来，随着网络的不断完善、资费的不断降低以及手机价格的下降，每个中国人都配置一部甚至两部手机，移动电话快速普及。

中国的人口基数很大，在移动电话普及的过程中，人口数量在通信行业发展方面创造了有利条件。这就是人口红利。人口红利是经济学术语，是指一个国家的劳动年龄人口占总人口比重较大，抚养率比较低，为经济发展创造了有利的人口条件，整个国家的经济呈高储蓄、高投资和高增长的局面。

现如今，人人配有手机，手机成为每个人的生活和工作中必不可少的工具。手机购买的需求大部分是旧机换新机的改善需求。在通信行业，大量人口红利逐步消失。智能手机普及程度加深，全球范围内普遍出现移动电话个人用户市场空间收窄的现象。

工业和信息化部的统计数据显示，截至2019年5月底，我国移动电话用户已经达到了15.9亿户，移动电话用户普及率达到114.4%。我国移动宽带用户，也就是3G和4G用户总数达13.5亿户，占移动电话用户的85%。4G用户规模为12.2亿户，占移动电话用户的77%。可以说，个人用户增长已经遇到天花板，快速增长的空间越来越有限了。

同时期，我们看看全球的情况。根据GSMA的统计，截至2018年6月底，全球移动用户数达到78亿户，移动用户普及率达到103%。可以从全球和中国的统计数据上发现，个人用户的普及率已经均超过100%。

在个人用户已经趋近饱和的时候，人们逐渐把眼光转向了更大的一片蓝海，那就是人与物、物与物的通信市场。

2. 智能手机出货量下滑

在个人用户增长逐渐放缓的同时，人们对手机终端的需求量也在同步降低。Gartner的统计数据显示，2018年全球手机市场新增需求基本饱和，出货量在稳定中缓慢下降。

中国的手机市场下滑更为严重（见图2-3）。2018年，我国手机出货量为4.14亿部，相比上一年下降15.6%。这其中，4G手机出货量为3.9亿部，市场占比达到94.5%。我国4G换机红利基本耗尽，市场趋于饱和，出货量下降明显。

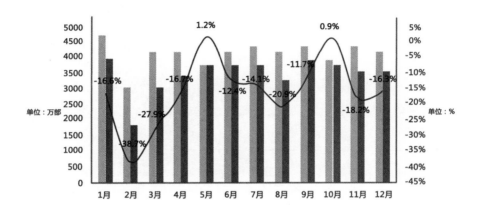

数据来源：中国信息通信研究院

图2-3 2017年和2018年我国手机市场出货量情况

虽然4G网络给我们的生活带来了翻天覆地的变化，但是，我们日常生活中的很多需求仍然存在一些不可调和的问题。需要通信技术进一步迭代。

5G 的大势所趋

事实上，5G并不是这两年才启动标准制定和研发工作的。早在2010年，爱立信公司就发布了"网络社会"的愿景，认为在不远的将来，全球将产生500亿部终端的联接需求。海量的联接只是个开始，更重要的是无处不在的基础设施支持各行各业开发出众多创新应用产品[1]。经欧盟推广，"网络社会"愿景迅速被国际移动通信产业界所接受，5G正式进入大众视野。

根据国际电信联盟ITU的定义，目前，5G主要包括三大业务应用场景（见图2-4）。

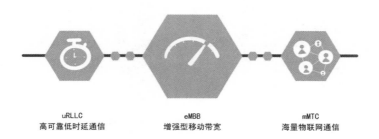

图 2-4 目前 5G 技术的主要三大业务应用场景

1　TD产业联盟.全球5G产业发展白皮书.2018.9

增强型移动带宽（eMBB，Enhance Mobile Broadband），是指在现有移动宽带业务场景的基础上，对于用户体验等性能的进一步提升。按照计划，5G网络能够在人口密集区域为用户提供100Mbps的用户体验速率和20Gbps的峰值速率，主要面向高清视频等大流量移动宽带业务。

海量物联网通信（mMTC，Massive Machine Type Communication），提供低功耗、低成本、海量联接服务。mMTC不仅能够支持医疗仪器、家用电器和手持通信终端等硬件全部联接在一起，还能面向智慧城市、环境监测、智能农业、森林防火等以传感和数据采集为目标的应用场景展开服务，并提供超千亿网络联接支持能力。

高可靠低时延通信（uRLLC，Ultra Reliable & Low Latency Communication），主要面向智能无人驾驶、工业自动化等需要高可靠低时延联接的业务，能够为用户提供毫秒级的端到端时延和接近100%的业务可靠性保证。

可以说，5G是第一个应用驱动的通信技术，基于应用驱动的导向，才有了5G的三大方向。下面我们来具体看看5G技术的这三个应用场景都会给我们的产业和社会带来哪些影响。

1. 增强型移动带宽（eMBB）

提及 5G，大部分用户第一个反应就是预测网速会更快。而这个快，说的就是 eMBB 增强型移动带宽提供的高速率性能。eMBB 主要针对个人用户消费流量进行功能升级。通信网络传输速度提升，用户体验才会有较大改善，网络才能面对 VR、超高清业务时不受限制。对网络速度要求很高的业务才能被广泛地推广和使用。因此，5G 第一个特点就是网络速率的提升。大家经常看新闻报道，5G 的下载速度非常快，几秒钟就能下载一部电影，说的就是这个场景。根据目前的实际测试结果来看，5G 的速率已经达到了 4G 的 10 倍。

这么高的速率，除了下载电影之外，还有很多用武之地。对网络速率有很高要求的业务有了发展机会和创新可能。

比如 VR 眼镜（见图 2-5）。我们一般在展会或者在商店里见到的 VR 眼镜有两个特点。首先，大家试戴的时候，要么坐着，要么就是步行缓慢移动。其次，VR 眼镜一般都有长长的数据线，人们佩戴 VR 眼镜时间久了会有眩晕感。

图 2-5 VR 眼镜

随着 5G 网络覆盖的完善，相关技术能够进一步改进 VR 眼镜的使用功能，从而加快 VR 眼镜的普及速度。如同《头号玩家》里的场景，人们佩戴 VR 眼镜不再受距离、空间、速度的影响，可以随意走动和奔跑。

这里面有三个重要特点。

首先，5G 的传输速度非常快，那么 VR 眼镜里的计算和图像渲染工作可以放在云端进行，然后通过 5G 网络快速传回到眼镜上。这样一来，VR 眼镜就不用设计得过于复杂，从而无须装配昂贵的芯片，VR

眼镜的制造成本可以进一步降低。

其次，VR眼镜将逐步向"无绳化"演进，也就是说，设备不再需要长长的数据线，而是利用无线网络进行数据传输。此时，用户佩戴VR眼镜可以突破物理界限，不会被限制在一个具体的空间内。

最后，当前我们佩戴VR眼镜的时候，都有这样一种体验，那就是VR眼镜佩戴时间长一点，人就会有眩晕感。这个问题在于设备受传输速率影响，时延太高，用户眼中的画面与实际动作产生滞后冲突，所以佩戴者才会有眩晕感。5G的高速率传输和低时延特点可以让设备传输更加高清的画面，同时还能把时延降低到毫秒级，从而有效地提升用户佩戴VR眼镜时的感受，减少眩晕现象。

5G技术的eMBB应用场景优势会最早地在个人业务设备当中发挥作用，从而大大提升用户的感官体验。与4G网络当前的传输速率相比，5G网络的超高速传输速率一定会让人眼前一亮。

2. 海量物联网通信（mMTC）

随着行业应用范围的扩大，通信网络业务需要将更多设备纳入其中，广泛互联互通。把移动网络的服务主体从手机扩展到一切对网络联接有需求的设备，是5G网络建设想要达到的目标之一。大量设备互联的网络生态环境能够支持更加丰富的行业应用业务，让新技术在更加复杂的实际应用场景中使用。海量物联网通信，即 mMTC，描述的就是将大量设备联接进入网络的场景。那么，5G 网络大概能联接多少个智能终端设备呢？5G 技术对这个场景的定义是，每平方千米能够联接超过 100 万个智能终端。

这个密度有多大呢？举个例子，就相当于全部北京的居民集中在北京二环内一半的空间里，而且还要保证通信非常畅通。未来接入通信网络中的终端不仅是我们的手机，还会有更多千奇百怪的产品。可以说，我们生活中每一个产品都有可能通过 5G 接入网络当中。我们的眼镜、衣服、腰带、鞋子都有可能被接入网络，成为智能产品。家中的窗户、门锁、空气净化器、加湿器、空调、冰箱、洗衣机都可能带有智能功能，通过 5G 技术接入网络，我们的家庭将有望成为智慧家庭。

大量的物联网设备联接到网络中之后，会有什么用处呢？一方面，网络覆盖的范围扩大，会带来全新的应用。以前，在森林、高山等地区生活的人很少，这些地方不一定需要网络覆盖，但是这些区域有一定的环境样本研究价值。如果能在森林、高山地区覆盖 5G 网络，则可以大量部署传感器，进行生态环境、空气质量甚至地貌变化、地震的监测，这就非常有应用价值。5G 可以为更多这类应用提供网络服务。比如，北京空气质量监测点有 35 个。实际上，35 个监测点是不够的，未来随着 5G 网络的完善，大量物联网终端的普及，监测点和设备可以进一步增加。那么，监测数据颗粒度将会提升，城市环境的监测水平将更加精细。这对于环境的治理和改善，能够起到重要作用。

另一方面，网络覆盖纵深的增加会提升用户的体验。在我们的生活中，虽然通信网络的覆盖已经比较广泛，但是在覆盖深度和网络质量方面还需要向更高品质的纵深方向发展。我们家中已经有了4G网络覆盖，但是家中的卫生间可能网络质量不太好，地下停车库基本没有信号。这种情况在现在是可以接受的状态，因为我们对此已习以为常。但随着5G的到来，在技术上可以解决卫生间、地下停车库的网络覆盖问题，用质量良好的5G网络进行广泛覆盖。

另外，在5G网络覆盖的环境下，物联网终端设备还能够更加精准地对个人用户进行监测。可穿戴设备能够记录大家每天的活动数据，从而积累智慧医疗的大数据，帮助我们及早地发现潜在患病风险。

从某种意义上说，网络覆盖的广度和深度，要比网络的高速率更加重要。它将为我们真正打开万物互联的新时代。大量人与物、物与物之间的通信将成为可能。

3. 高可靠低时延通信(uRLLC)

在介绍5G在时延方面的特点之前，我们先来简单了解一下什么是时延。其实，我们传输信息是需要花费时间的。比如数据从北京传输到深圳，并不是实时到达，而是需要花费一定的时间，这个时间就可以简单理解为信息传输过程中产生的时延。

5G的时延在理论上仅有1毫秒，听起来时间很短，它到底有多短呢？

举个例子，到医院看病，医生给我们抽血或打针，当针头扎到皮肤里时，我们立马就会感到疼，人们认为这个过程应该是实时的。

但是实际上，我们感知到疼痛是需要时间的。我们去观察孩子打疫苗的场景，就能够很明显地发现，针头刚刚扎进小朋友胳膊的时候，小朋友还没有感觉。过了几秒钟以后，小朋友才开始哭。这就是明显的感官时延效果。大人的感官时延相比于小朋友要短，这个时间大概在80～100毫秒。5G的理论时延只有1毫秒，远远低于我们成年人的感官时延（见图2-6）。

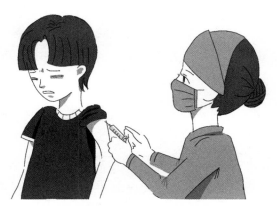

图2-6 打针时的感官时延

再比如，我们在前文提到了自动驾驶的例子。5G网络环境中，数据传输理论时延为1毫秒，对于自动驾驶的车辆来讲，从车辆系统判断采取刹车的指令到车俩做出实际反应，移动距离大概只有3～4厘米，这种情况下，致命交通事故发生的概率就会比较低。这样一来，自动驾驶技术的安全性将会提高很多。

在远程医疗场景中，过去，远程医疗只能停留在科幻电影里，但是2019年以来，已经有多个远程医疗的应用案例出现在现实生活中。我们人的血管壁厚度约为0.2毫米，手术刀移动速度一般是每秒0.5厘米。如果是在4G网络下进行远程医疗手术，手术刀因为4G网络较高的时延可能造成0.5毫米的移动，因此发生医疗事故的概率则会很大。所以，降低时延是提高远程医疗技术安全性的关键。

5G的理论时延是1毫秒，在现实场景中的实际时延大概为5毫秒，手术刀因为时延而产生的额外移动距离仅为0.0025毫米，这样的操作效果可以满足手术的实际需要，从而减少医疗事故的发生，让远程医疗真正能够走进大家的生活。

5G网络将创造全新的服务产品、商业模式和收入的潜在机会，而不是像4G那样，电信运营商主要依靠个人用户联接网络产生资费而营利。需要指出的是，5G网络部署投资成本高，有些技术标准尚未最终完善。未来，电信运营商将围绕应用场景需求采取更加长期、灵活的部署方式，从而以长远的眼光形成营利。

增强型移动带宽类的应用将优先在用户密度高的区域落地，因为其总体技术相对成熟，经济价值也大。随着时间的推移，更多的技术壁垒将被打破，5G带来的经济价值也将在更多场景中突显。

在应用场景的选择上，5G商用部署的优势首先将通过增强型移动带宽体验的场景实现。例如，以人为中心的4K/8K视频、虚拟现实（VR）和增强现实（AR）技术带来的沉浸式娱乐消费。后期，随着通信基站和下游应用终端数量的增加，在众多应用对网络实时响应能力的要求不断提高的推动下，运营商必然转向关注高可靠、低时延的网络建设，由此，5G的价值将得到更加充分的发挥[1]。

1　5G时代来临，做好准备迎接未来10年的重组.红杉汇内参.第116期.2019.3.13

第　　3　　章

5G 技术创新:

下一代移动通信技术有什么优势

在上一章中，我们介绍了5G技术的三大应用场景。2019年是5G的商用元年，在全球范围内，从4G过渡到5G的速度，比3G过渡到4G更快。4G LTE是目前为止全球最成功的联接平台。但对比4G商用元年和5G商用元年的部署情况，我们发现，4G商用第一年的时候，有4家移动运营商部署网络，3家终端厂商发布4G产品；而在5G商用第一年，截至目前已经有超过20家运营商宣布了5G网络部署计划，同时将有超过20款5G终端在2019年上市。这表明，整个行业对5G拥有广泛的兴趣，5G有着强劲的发展势头。5G的生态系统也正在蓬勃发展[1]。

那么，除了在上一章中我们介绍过的三个应用场景之外，5G在技术创新方面还有哪些与众不同的地方呢？

其实，5G在技术创新方面的确有可圈可点之处。比如，网络切片、移动边缘计算、微基站、大规模天线、设备到设备（D2D）通信、毫米波等，这些都是5G典型的技术创新。

下面，我们来详细看一下这些技术有什么特点。

---

1 孟璞. 5G已来机遇何在. C114通信网. 2019.4.23

网络切片

　　过去，我们的通信网络像一个管道，电信运营商很难深度参与到具体的行业应用之中，在互联网蓬勃发展过程中享受到的红利也是少之又少。但是，现在的网络应用场景越来越丰富，在不同应用场景下，每个用户对网络资源的需求呈现出个性化态势。

　　5G网络将面向不同的应用场景提供差异化服务，比如，超高清视频、VR/AR、大规模物联网、车联网等，不同的场景对网络的移动性、安全性、低时延、可靠性，甚至是计费方式的要求都是不一样的[1]。因此，我们需要将一张物理网络分成多个虚拟网络，每个虚拟网络面向不同的应用场景需求。各个虚拟网络之间是逻辑独立的，互不影响。大家需要什么样的网络资源，就可以得到相应的定制化服务。如此一来，5G就能像一把瑞士军刀一样，根据需求形成不同的网络切片（见图3-1），用多样化的功能来满足差异化的网络服务需求。

1　网络雇佣军.20大5G关键技术.2019.6.20

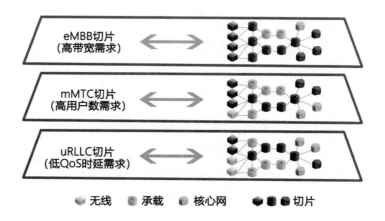

图 3-1 网络切片

　　比如，你在家里想看高清视频，那么，你对大带宽的需求就是刚需，而对于联接上百万个物联网设备的网络能力需求没有那么迫切。那么，5G网络就可以专门给你提供带宽非常大的网络切片，来满足你看高清视频的需求。

　　再比如，在一辆自动驾驶的汽车上，电信运营商可以给用户提供多个网络切片。其中，自动驾驶切片利用5G的低时延特性来保证车辆行驶安全；高清地图切片将会实时更新路况信息；乘客在车上可以使用信息娱乐切片播放高清视频或者玩游戏。公共领域，视频监控切片将保持高清摄像头的联网功能；应急通信切片则能对安全事故快速调整网络部署。

如果此时道路上有一辆轿车出现失控状况，发生了交通事故，那么，我们这辆车的摄像头与网络分析器会同时探测到这一情况，5G网络会马上排列切片的优先级，编排部署新的应急切片。同一区域的网络资源是有限的，此时会优先保证自动驾驶切片与应急通信切片的工作，同时降低高清地图下载的速率，下调娱乐视频的分辨率[1]。

通俗地讲，未来的通信网络就如同飞机客舱一样，提供"头等舱、公务舱、普通舱"分级服务。5G网络将更加多样、更加灵活、更加智能地根据不同应用场景提供定制化的网络资源。

移动边缘计算

移动边缘计算是指，在靠近移动用户的位置上提供信息技术服务环境和云计算能力的一种技术。有人也曾这样形容边缘计算：如果把云计算比喻成人的大脑，移动边缘计算就相当于人的小脑。移动边缘计算将计算、网络、存储从网络的云中心延伸到了网络边缘，实现了"应用在边缘，管理在云端"的模式。这种模式，和章鱼非常相似。

1　夏天旭.冯珏林.挖掘2B新蓝海，网络切片让5G"钱景"可期.21世纪经济报道.2019.1.5

章鱼在捕猎时动作非常灵巧，多个触角相互配合，从来不会缠绕和打结。这是因为，章鱼身上60%的神经元分布在八条触角上，脑部只有40%，是"多个小脑+一个大脑"的构造，类似于分布式计算[1]。移动边缘计算也是一种分布式计算，它将内容分发到靠近用户侧的服务器，使应用、服务和内容分散部署，从而更好地支持5G网络中对低时延和大带宽要求高的业务。

移动边缘计算不仅是5G网络区别于3G、4G的重要标准之一，同时也是支撑物联技术低时延、高密度等条件的具体网络技术体现形式，具有场景定制化能力强等特点。目前，在智慧城市、车联网、智能制造和直播游戏等垂直领域对移动边缘计算的需求最为明确。

在智慧城市领域，移动边缘计算主要在智慧楼宇、物流和视频监控几个场景进行应用。移动边缘计算可以实现对楼宇各项运行参数的现场采集分析，并提供硬件设备维护的预测能力。移动边缘计算可以实现对冷链运输的车辆和货物进行监控和预警的操作，并利用部署在本地的GPU服务器实现毫秒级的人脸识别、物体识别等智能图像分析。

在智慧安防方面，在一线、二线城市中，一个城市内一般有上

---

1   智芯原动.移动边缘计算，5G时代的关键技术.2019.4.18

百万个监控摄像头，针对这些摄像头产生的海量视频数据，云计算中心服务器计算能力有限。移动边缘计算技术可以使系统在设备边缘处对视频进行预处理，最后将少量资料上传至云计算中心服务器，这样一来，需要占用的带宽资源较少，那么就可以显著降低对云计算中心服务器的计算、存储和数据传输网络带宽需求[1]。

总的来讲，移动边缘计算有四个好处。

一是时延更低。移动边缘计算聚焦实时、短周期数据分析，能够更好地支撑本地业务的实时智能化处理与执行。

二是效率更高。由于移动边缘计算距离用户更近，在边缘节点处实现了对数据的过滤和分析，因此效率更高。

三是更加节能。根据研究机构测算，云计算和移动边缘计算相结合，能源成本只有单独使用云计算时成本的39%。

四是缓解流量压力。在进行云端传输时，系统通过边缘节点完成一部分精简数据处理过程，能够缩短设备响应的时间，减少从设备到云端的数据流量。

1　移动边缘计算：与5G同行，开拓蓝海新市场.人工智能学家.2019.4.15

微基站

我们使用手机和别人进行通信的时候，离不开基站的"居中协调"。因此，基站的重要性不言而喻。根据体量大小，基站可以大体分为宏基站和微基站两种。顾名思义，大家应该也能猜出来，宏基站是指大型基站，微基站是指小型基站。

无线通信是通过电磁波来传输信息的。从1G到5G，我们使用的电磁波频段越来越高，传输的数据量也越来越大。但是，任何事情都有正反两面。频段越高，随之而来的就是电磁波在传输的过程中衰减也越大。因此，同样一个区域，一个4G基站就可以覆盖时，5G基站就需要2～3个基站，甚至更多，才能达到同样的覆盖效果。

5G时代，基站的体型变得越来越小。微基站，相较于传统宏基站的发射功率更低，覆盖范围更小，通常覆盖10米到几百米的范围。微基站的使命是不断补充宏基站的覆盖盲点，增加总体基站容量，以更低成本的方式提高网络服务质量。微基站的主要应用场景是在人口密集区域以及宏基站无法触及的末梢区域。

考虑到5G无线频段越来越高的情况，而且未来还将部署5G毫米波频段，无线信号频段更高，覆盖范围更小，加之未来多场景下的用户流量需求不断攀升，综合来看，我们可以预见到，5G时代必将部署大量的微基站，这些微基站将与宏基站组成超级密集的混合异构（HetNet）网络，这也将在网络管理、频率干扰等方面带来复杂性挑战[1]。

但是，如果为了回避这种挑战，还是按照过去的模式，让电信运营商去建设大量宏基站的话，成本会非常高。为什么呢？因为有专家已经预测，未来5G网络所需的基站数量是4G基站的2～3倍。每个基站的建设都是需要高额投资的，对于电信运营商来讲不是个小数字。所以，如果能够利用现有的市政基础设施，在这些设施上面搭建一些微基站，降低重新建设大量宏基站的费用，将是一个很好的解决方案。比如，利用路灯、红绿灯，甚至利用井盖来建设微基站，在5G时代将成为常态。因此，未来在我们的生活环境中，我们周围将会出现多种多样的微基站，例如红绿灯杆上的微基站（见图3-2）。

1　网络雇佣军.20大5G关键技术.2019.6.20

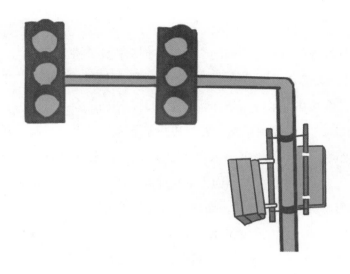

图 3-2 红绿灯杆上的微基站

近日，广州市工业和信息化局印发《公用移动通信基站规划建设指导意见的通知》，要求多个部门协调配合建设基站。文件提出，要开放城市路灯杆用于微基站建设，开放铁路沿线的信号塔以及相关杆体用于基站建设。

广州是首批5G试验网试点城市名单中的城市之一。在广州之前，深圳、杭州、武汉等多个城市也出台了类似的政策，地方政府将通过建设多功能智能杆、开放市政公共资源等方式，支持无线通信基础设施建设[1]。

　　除路灯杆外，日本人"脑洞"大开，创新推出"井盖基站"。日本运营商NTT DoCoMo发布千兆LTE计划。高调推出一款新型"井盖基站"，并宣称其在未来的基站部署将专注于"地面"。

　　"井盖基站"主要由微站、天线和井盖三部分组成，井盖下方由微站和天线组成。天线距地面深度为5 ~ 10厘米，上方再加盖一个特制的"井盖"。该"井盖"与路面上的普通井盖不同，普通井盖为金属材质，严重影响无线信号传播，而该"井盖"采用复合材料制成，具有质轻而硬、不导电、机械强度高和耐腐蚀等特点，能达到与普通井盖相同的承重能力，关键是该"井盖"同时能进行无线信号传播。至于令人担忧的防水问题，"井盖基站"底部设计了一个排水孔，防止其被雨水淹没。

　　当然，还有更让人惊讶的。爱立信公司在2019年公布了一个"胶带基站"。爱立信公司称之为Radio Stripes，它是像透明胶带一样的基站，柔性可弯曲，电路清晰可见，集成了无线模块和柔性电路。也就是说，"胶带基站"包含了传统基站所必需的三大部分——无线、传输和电源线路。以后，建设基站就像贴胶带一样方便，哪里没信号贴哪

1　5G商用前夜多地开放路灯杆建微基站.财新网.2019.4.26

里，方便又快捷[1]！

可以预见，随着5G时代的来临，各类新型基站将助力5G网络快速完成基础设施建设。

大规模天线

过去，我们使用的手机，无论是最早的"大哥大"，还是上一代的功能机，都会有一个天线突出来。但是，我们发现，在后来的智能手机上，天线越来越小，甚至从手机的外表上看已经找不到了。

是因为通信网络越来越好，手机就不需要天线了吗？

其实不是，天线无论如何都是需要的，我们现在看不到它，主要原因是，无线通信使用的频段越来越高，电磁波的波长相应地越来越短。而根据天线的特点，天线的长度是波长的 $1/10 \sim 1/4$。所以，现在的天线长度就短到可以直接设计在手机的机体里面，而且一部手机还可以设计很多根天线。

美国莱斯大学研究出一款大规模天线阵列原型机（见图3-3），它是由64个小天线组成的天线阵列，这很好地展示了大规模天线系统内部构造。

1　各种新型5G基站，你见过哪种 . 5G产业圈 .2019.4.20

图 3-3 大规模天线阵列原型机

　　这就是5G网络中的关键技术之一，名为Massive MIMO。Massive MIMO 技术是通过大规模天线阵列以及波束赋形技术对每个用户分配专用的电波。举个例子，传统的单天线通信就如同电灯，可以照亮整个房间，但是很难将光线会聚到一个点上。而 Massive MIMO 利用波束赋形技术就如同手电筒，光亮可以智慧地会聚到目标位置上（见图3-4）。而且还可以根据目标的数目来构造"手电筒"的数目。

单天线通信方式   波束赋形

图 3-4 波束赋形技术如同手电筒

要想提升无线网速，主要的办法就是采用多天线技术，也就是说，在基站和终端侧采用多个天线，组成 MIMO 系统。MIMO 系统被描述为 M×N，其中 M 是发射天线的数量，N 是接收天线的数量（比如 4×2 MIMO）。

Massive MIMO 其实就是在基站侧安装了几十根天线，实现大量天线同时发送数据，多根天线再同时接收数据的功能。这样一来，相比于传统通信方式，Massive MIMO 可以在相同的频段资源上服务更多用户，从而提升无线通信系统的频段使用效率。

另外，发射天线和接收天线数量很大的时候，该系统可以降低上下行发射功率，可以有效提高功率效率。

目前，5G主要采用的是64×64 MIMO。这样一来，我们在前面几章中提到的一些应用场景痛点就可以解决了。比如，大型赛事、演唱会、商场、交通枢纽等用户密度高的区域，人们打电话、发微信有时候信号不好，这就是由于信息号范围内用户过多造成的。而利用Massive MIMO技术就可以同时满足大量人群的通信需求。在5G时代，如果你在演唱会现场，就再也不用担心发不出去图片或者视频了。

设备到设备（D2D）通信

在我们现在使用的通信网络中，即使是两个人面对面打电话、发微信，数据包和信令也必须经过基站进行中转。

随着网络中的智能终端越来越多，形式更加丰富多样，通信网络的体系和架构都面临巨大挑战。如果还想让通信网络中的基站设备来进行事无巨细的资源分配和调度，难度也很大，而且容易造成资源浪费。因此，我们需要提供设备本地互联方法，从而有效提升网络使用效率。

在5G时代，设备与设备之间直接进行通信将成为可能。比如，在5G网络环境中，同一个基站下的两个用户，如果他们之间进行通信，那么他们的数据包就不需要通过基站来进行转发，而是直接通过手机端到手机端传输即可（见图3-5）。

图3-5 在4G、5G时代面对面通信的数据传输区别

也许有人会问，如果这样的话，以后岂不是不用交电话费了？其实不然。

事实上，数据包可以在终端之间直接传输，但是信令还不能够端到端传输，比如，会话的建立、维持、计费、识别等工作仍然需要通过基站来处理。毕竟，电信运营商建设5G网络，也是要挣钱的。

毫米波

对于无线通信来讲，频段资源是异常珍贵的，也是发展无线通信的关键所在。传统的技术改进和少量新频段资源划分方式，已经不能满足5G的频段需求了。

目前，全球5G频段主要分为6GHz以上和6GHz以下两种。6GHz以下的频段资源实际上已经异常拥挤，频段资源不仅仅提供给我们个人用户进行无线通信使用，还有很多频段资源是卫星通信、导航通信、海岸潜艇通信等场景使用的。6GHz以上的频段资源比较丰富，而且存在500M连续的频段带宽资源可供分配。目前，韩国、美国也都在利用6GHz以上频段来开展5G网络建设，比如28GHz的频段。

那么高频段和毫米波又有什么关系呢？

这里需要引入一个数学公式，那就是$C=\lambda \cdot V$。其中C是光速，每秒30万千米，是固定值；λ是波长；V是频率。也就是说，光速=波长×频率。我们以28GHz的频率来计算会发现：

$$\lambda = C/V = \frac{300000000 \text{m/s}}{28000000000 \text{Hz}}$$

$$=10.7\text{mm（毫米）}$$

也就是说，如果用28GHz的频率来建设5G网络的话，我们就是用毫米波来进行通信。

除了6GHz以下频段资源有限之外，5G考虑使用毫米波的另外一个原因就是，毫米波的带宽比较大，传输速率高，能够满足设备对大带宽的需求。

但是，毫米波的部署仍然面临诸多困难。比如，毫米波的传输距离较短，并且穿透力和绕射性较差。雨水、树叶都会影响毫米波的传输效果。同时，随着频段的逐步提高，毫米波的衰减就更加严重。因此，短距离的通信或者在空旷的环境下才适合使用毫米波技术。

综合考虑，更加可靠的方案是，在户外开阔的地方使用6GHz以下频段来进行5G网络覆盖，在室内等具体场景中可以使用微基站加毫米波技术来实现高速率的数据传输。

以上就是5G在科技创新方面的突出表现。当然，这些技术创新并不是在5G时代才研发出来的，而是研发人员在前期技术积累的基础上，不断迭代完善，最终在5G上得以实现的。

5G 和 1G 到 4G 有什么本质区别?

前面几节，我们从技术创新的角度探讨了5G与1G到4G相比有哪些突出优势。下面，我们再换个角度，看看5G和1G到4G有什么本质区别。

在介绍1G到4G发展史的时候，你可能会注意到一个点，那就是，1G到4G的变革中，我们说得更多的是手机的创新和发展，从功能机到智能手机，终端设备更加智能。手机从过去只能打电话，到具有发短信的功能，再到能够看图片、听音乐甚至还能看视频。但是，这都是在手机这一种终端上进行了功能丰富和业务叠加，还没有脱离人与人之间通信的范畴。

而5G已经突破了人与人通信的模式，把通信的范围拓展到了人与物、物与物的联系。

工业和信息化部部长苗圩也曾公开表示：5G的应用是二八分布，20%将用于人与人的通信，80%将用于人与物、物与物的通信。

尤其是在5G的高可靠低时延应用场景，以及海量物联网通信应用场景，通信网络可以把通信范畴进一步拓展。比如，用户在家里和智能音箱进行交流，自动驾驶的车辆向周边车辆实时交换位置信息等。这些都将在我们的生活中变得更加普遍。

因此，在5G时代，我们将会迎来真正意义上的统一的网络，人与人、人与物、物与物都将通过一个统一的网络，在各自的应用场景下，实现自由互联。这是5G描绘的万物互联的智能世界（见图3-6）。

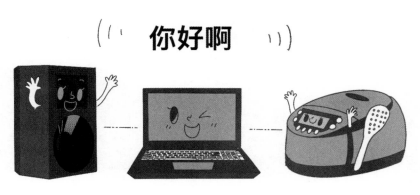

图3-6 万物互联

历史上每一个给人类社会带来巨变的时代，都起始于一种新技术的出现，比如印刷术、蒸汽机、电力、电子计算机和互联网。这些技术快速普及的时刻，成了社会经济变革的重大节点。人们将这种能够较为广泛地在多个领域进行通用的基础技术称为"通用技术"。5G作为一种通用技术，它的普及所驱动的变革将比肩甚至超越电力、互联网等通用技术带来的深远影响，为人类的生产、生活带来翻天覆地的变化。

第 4 章

各国5G的发展情况:

我国的技术优势在哪里

5G 技术的普及会给社会带来的潜在经济价值是毋庸置疑的。很多研究机构已经做出了相应的预测报告。伴随 5G 技术发展而产生的经济价值，除了作用在移动通信产业本身之外，更为重要的是，5G 将作为一种通用技术，将成为人工智能、大数据与实体经济融合的加速器，推动多个行业进一步释放出巨大的数字消费市场空间。爱立信公司发布报告称，预计到 2024 年，全球 5G 用户将增加 50%，达到 15 亿人，覆盖全球人口的 40% 以上。另外，根据中国信息通信研究院发布的《5G 经济社会影响白皮书》，我们得知，预计到 2030 年，5G 将带动直接经济产出达到 6.3 万亿元人民币。

5G 会带来如此巨大的经济效益和社会影响力，也就不难理解，世界各国都在抓紧抢占 5G 发展先机的原因了。一方面，美国总统特朗普频频发表讲话，指出"5G 的竞争已经开始，美国必须赢"。另一方面，在 2019 年 4 月 3 日，韩国的 SK 电信和 KT 公司同时宣布开通 5G 手机网络服务。抢先美国 1 个小时，韩国成为全球第一个 5G 商用国家。从 2019 年 4 月份到同年 7 月份，短短几个月的时间里，已经陆续有韩国、美国、西班牙、瑞士、英国、中国等多个国家宣布启动 5G 商用网络。

在这场争分夺秒的技术比拼中，各个国家都铆足了劲儿争取跑在领先位置。那么，几个主要的5G商用国家的技术进展如何，每个国家的5G网络发展各自有什么侧重点呢？

当前 5G 商用国家的技术发展状况

1. 韩国

韩国原计划在2019年4月5日推出5G商用网络，但得知美国威瑞森电信（Verizon）即将宣布5G商用，于是韩国决定提前2天宣布5G商用。在2019年4月3日，出现了戏剧性的一幕，韩国提前美国1小时成为全球第一个5G商用的国家。目前，韩国三大电信运营商，即SK电信、KT公司、LG U+公司，均对外宣称能够提供5G移动网络服务。更让人惊讶的是，自韩国公布5G商用化之日起短短3个月内，韩国的5G移动网络用户已经达到165万人，占据韩国全国人口总数的2%。韩国科学技术信息通信部预测，截至2019年年末，5G移动网络用户人数将突破300万人。这个数字还是相当可观的。韩国的5G移动网络的用户数量激增如此之快，一方面，是由于部分韩国用户对最新的5G产品有着强烈的使用需求；另一方面，韩国的三大电信运营商正在开展激烈的5G移动网络促销活动，价格优势推动韩国民众去尝试5G网络新产品。

虽然韩国的5G移动网络用户数量增长很快，但是作为新生事物，5G网络目前仍存在诸多问题亟待解决。比如，韩国的5G基站目前仅有6万个，大部分集中在首尔，其他地区的5G信号目前较弱。而且，针对5G网络的用户投诉也是层出不穷。不少"吃螃蟹"的用户表示，5G网络的使用体验远没有宣传的那样高速和流畅，5G网络覆盖范围仅局限在人流密集的地方。对于价格敏感的用户来讲，韩国的5G通信资费也很高，每月最低起步价需要55000韩元（约合322人民币），这其中包含的流量仅为8GB。和5G的高速率相比较，这点流量显然不够用。

韩国政府将5G视为引领未来新产业成长的一大动力。回顾当年，韩国在1996年也是以"世界上第一个实现CDMA商用的国家"的头衔，迈出了历史性的一步。正是因为率先实现CDMA商用，在过去十几年间诸多韩国企业才在半导体和手机行业崭露头角，处于全球领先地位。也因为韩国最早商用LTE技术，如今的众多韩国公司才能在互联网、游戏等新兴产业取得瞩目成绩[1]。不得不佩服韩国在技术变革决策方面的果断。

1　陆睿.力促创新发展，韩国押宝"5G+"战略.经济参考报.2019.6.20

据了解，韩国计划到2022年年底建成彻底覆盖韩国全国的5G网络。为实现这一目标，韩国政府将借助民间投资的30万亿韩元（约合1754亿元人民币），并指定对5G相关的智能手机、机器人、无人机等10个核心产业和实感技术、智能工厂、智慧城市、无人驾驶汽车及数字健康管理等5个核心服务进行重点支持。在5G网络的建设方面发力。韩国的目标是，争取占据全球5G市场中15%的份额，在5G相关产业创造60万个工作岗位，达到730亿美元的出口额。

为了鼓励5G技术的应用，韩国政府发布"5G+战略"，出台一系列支持政策，包括制定激励5G相关产业的方案、5G服务的资源保障方案、购买5G电信设备的税收优惠等。同时，韩国将率先在政府机关和公共区域引入5G网络技术并开展试点。韩国政府在民间投资5G网络建设方面给予税收优惠，计划帮助韩国中小型企业建设约1000个5G技术相关产业工厂，提高新兴科技制造业的生产能力。韩国政府还推动韩国三大运营商SKT电信、KT公司和LG U+公司在2018年达成协议，承诺为实现5G网络的商用化而共同投入资金和技术，共建共享基础设施。

以5G技术竞争为起点的第四次产业革命已经打响，为此，韩国还设立了总统直属的"第四次产业革命委员会"，提出泛国家"第四次产业革命应对计划"，使此次产业革命的成果与未来韩国经济增长挂钩，并为更多的韩国国民创造就业机会[1]。

2. 美国

美国一直在为加快5G商用落地的步伐而做出努力。2019年2月，在美国发布的《科学技术要点》中，5G超越人工智能成为第一大要点，其中还特别强调制定《美国国家频段战略》，以及促进公私领域合作的方针，从而推动美国的5G技术创新和主导地位。目前，美国主要从加快部署、解除管制和促进技术扩散三个维度推动5G技术的发展。

在加快部署方面，美国电信运营商在2019年提升了下一代通信基础设施建设的速度。AT&T、T-Mobile、Sprint三家美国电信公司目前已经在美国19个城市开通了5G服务，并试图扩大5G网络的覆盖范围。根据埃森哲的报告，预计未来十年，美国无线通信方面的基础设施投资额将增加2750亿美元，带动5000亿美元的GDP。

在解除管制方面，美国政府加大了无线频段牌照拍卖力度。对于小型基站的部署难、申请流程不标准、收费不合理等问题，美国联邦通信委员会在积极寻求解决办法，争取在法律层面取得正当性和执行

---

1   郝群欢.何元元.韩国为何力争5G"世界最强"目标.文汇报.2019.7.7

一致性[1]。

在促进技术扩散方面，美国电信运营商积极探索 5G 技术在新媒体、新零售、工业制造、智慧物流等领域的应用，为了加快精准农业、远程医疗、智能交通等方面的创新步伐，美国联邦通信委员会成立了 204 亿美元的"乡村数字机遇基金"，用来提升美国乡村地区的信息基础设施状况，避免造成新的数字鸿沟，增强数字包容性。

美国企业在 5G 全产业链中有一定的优势。在核心芯片领域，美国的高通、英特尔等公司占据较大优势；在主导应用的互联网公司中，美国的谷歌公司、苹果公司、Facebook 公司依然是全球重要的互联网龙头企业；在电信运营商领域，美国 AT&T 公司和 Verzion 公司仍然是全球范围内企业规模非常大的电信运营公司。

但美国在发展 5G 时，也面临很多挑战。尤其是在频段资源方面，由于历史的原因，目前美国 6GHz 以下的频段主要归美国军方使用，这直接促使美国在进行 5G 试验和商用部署时只能使用毫米波。相比 6GHz 以下频段，毫米波在覆盖范围上的劣势十分明显。而且高比例使用毫米波搭建 5G 网络需要更高的网络建设成本[2]。

---

1 许伟.美国扩大 5G 应用的三个维度.智库观察.2019.5.7
2 刘韵洁.发展 5G，美国为何如此焦虑.人民邮电报.2019.6.3

3. 中国

我国早期移动通信技术起步虽然较晚，但在5G标准研发方面发力，成为全球5G技术领域的领跑者。近年来，我国政府、企业、科研机构等各方高度重视前沿科技战略布局，力争在全球5G标准制定方面掌握话语权。2013年2月，工业和信息化部、发展和改革委员会和科学技术部共同组织成立了"IMT－2020（5G）推进组"，主要负责协调推进5G技术研发试验工作，与欧、美、日、韩等国家和地区建立5G技术交流与合作机制，推动5G技术在全球的标准化及产业化。

2019年6月6日，中国正式发放5G商用牌照，中国电信、中国移动、中国联通、中国广电获得商用牌照。与之前计划的5G商用公布时间相比，此次发放5G牌照提前了半年的时间。这里面主要有两个方面的原因。

一方面，我国已经提前完成5G技术研发试验。5G技术研发试验分为5G关键技术验证、5G技术方案验证和5G系统组网验证三个阶段。2019年1月23日，第三阶段测试工作基本完成，5G基站与核心网设备已达到预商用要求。可以说，三个阶段的验证工作快速完成，为我国5G提前商用创造了有利条件。

另一方面，将中国广电纳入5G商用牌照发放单位名单，可以推动5G网络建设和应用的加速落地与模式创新。中国广电拥有700MHz的黄金频段。频段越低，信号覆盖越广，穿透力越强。中国广电拥有的这种网络覆盖效果良好的频段资源意味着5G网络建设的成本有望降低，基础建设速度能够加快。这为我国提前发放5G商用牌照给予了信心。

在2G落后、3G跟随、4G并跑之后，5G时代，我们国家在通信技术研究方面处于全球领先地位，包括5G的专利、标准、终端等多个角度，占有率和技术水平都位居世界前列。

我国在 5G 领域的优势和劣势

罗马不是一天建成的，同样地，5G技术的发展也不是短时间内完成的。我国之所以能够在2019年启动5G商用，很大程度上归功于众多参与者前期在标准制定、必要专利研发、智能终端开发、基站与频段建设、芯片研发等方面的共同努力和良好积累。

1. 标准制定

在介绍1G到4G发展史的时候，你也许会发现，通信行业的全球标准不仅仅是一个技术标准，它关系到整个产业和国家的战略。比如2G时代，通信标准由欧洲主导，进而为欧洲主导全球信息通信行业发展奠定了基础，诺基亚、爱立信等欧洲企业至今仍然是知名的跨国企业。另外，在台式机时代，互联网标准、协议都是由美国来主导。进而推动美国在整个互联网产业占据绝对优势地位，英特尔、微软、谷歌等知名企业成为全球互联网产业中的重要力量，这本身也给美国带来了巨大的经济效益。

这些巨大的影响力促使诸多国家加紧在通信技术标准制定方面加大研发的人力、物力、财力投入。中国互联网络信息中心发布的《中国互联网络发展状况统计报告》指出，我国提交的5G国际标准文稿占全球的32%，主导标准化项目占比高达40%，我国的技术研发推进速度、推进质量均位居世界前列[1]。制定通信标准始终要看国家的政治、经济、技术的综合实力，历来只有强国才有通信标准制定的发言权。

为了推动5G在全球的应用，国际通信行业标准化组织（3GPP）需要制定一系列标准。在5G性能标准制定过程中，我国提出的5G愿景、概念、需求等方案获得了国际通信行业标准化组织的高度认可，新型网络架构、极化码、大规模天线等多项关键技术被采纳。中国电

1　中国互联网络信息中心.中国互联网络发展状况统计报告.2019.2.28

信主持了5G基站基带性能的技术讨论和标准制定，牵头组织3GPP官方技术标准的撰写工作。中国移动在2017年就牵头完成了首版5G网络架构国际标准。中国联通则在2018年主导了3GPP发布的首个Sub-6GHz 5G独立部署的终端射频一致性测试标准，为5G网络终端一致性测试提供了技术依据，为相关国家标准的制定提供了参考资料[1]。华为公司主导的Polar成为控制信道编码。中国公司积极参与国际标准的制定工作，说明中国在5G技术的发展过程中扮演着重要的角色。

2. 必要专利研发

专利数量是一个国家在某个领域实力的重要体现。必要专利，顾名思义，是指在技术层面无法绕开或者替代的专利。因此，从必要专利的数量和占比上，就能看出一个国家，甚至具体公司，是否在这个领域具有竞争优势。

德国专利数据公司IPlytics关于5G专利统计数据显示，华为、中兴、大唐、OPPO等中国公司成为5G必要专利的重要贡献者。中国企业在5G必要专利方面占比高达34%，位居全球第一。

1　彭方婷.中国的5G究竟领先在哪儿.电子工程世界.2019.5.6

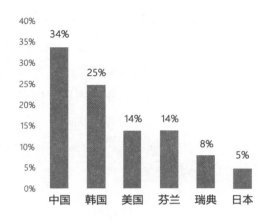

图 4-1 全球 5G 技术必要专利数量占比

从图 4-1 所示的数据中我们可以看到，中国在 5G 技术方面的必要专利数量已经位居全球第一，比第二名高出 11 个百分点。

如果我们以企业为单位，再来看看全球 5G 必要专利的分布情况，我们发现，截至 2019 年 6 月 15 日，华为拥有 2160 项 5G 技术必要专利，多于诺基亚（1516 项）、中兴（1424 项）、LG（1359 项），是拥有 5G 必要专利最多的公司。

过去几年的发展情况已经表明，3G和4G的必要专利所有者控制着移动通信行业中各种移动技术的使用权力。因此，5G必要专利的所有者也可能成为5G技术和5G市场的领导者，从而在各个国家和地区实现5G网络联接[1]。从图4-2所示的数据中可以看出来，华为和中兴两家中国企业分别是全球5G必要专利数量占比的第一名和第三名。足以见得，我国的企业在全球5G发展方面正在发挥着重要的作用。

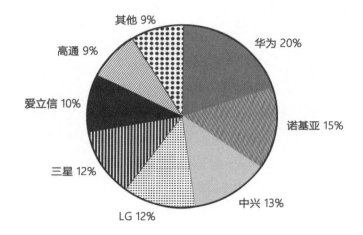

图 4-2 全球主要企业 5G 必要专利数量占比

1　5G专利排名，华为领衔一众中国企业齐上榜. NEPCON 订阅号 .2019.5.7

3. 智能终端开发

5G智能终端是用户体验5G网络的最直接的方式。但是，各个国家智能终端产品的发展进度却不尽相同。据媒体报道，截至2019年5月，美国电信运营商AT&T公司已经向全美19个城市推出了5G网络，到2019年年底，计划将5G网络覆盖范围扩大到29个城市。但是，目前AT&T公司还没有提供任何可以使用5G网络的手机终端，用户只能选择5G Netgear Nitehawk移动热点，将5G的固定宽带转换为Wi-Fi信号来使用。

而我国的智能终端企业非常重视相关研发工作，密切跟踪5G网络技术发展。因此，大量智能终端已经在2019年世界移动通信大会上亮相，华为、中兴、OPPO、小米、联想、一加等中国主流手机制造厂商已经研发出了能够配合5G网络的手机终端，我国成为全球5G终端研发和制造厂商最多的国家。

除了终端厂商之外，电信运营商也在加快推动5G终端的应用工作。中国移动曾表示，2019年将采购数万台终端设备，投入1～2亿元人民币进行终端补贴。2019年6月11日，中国移动采购共计1.31万台的5G终端。在5G终端价格方面，预计到2019年年底，会有4000元人民币左右的手机上市，到2020年，5G手机的价格甚至有可能下探到 1000 元到 2000 元人民币档位。中国电信将在 2019 年三季度发布 5G 试商用机，端到端网络和业务测试 2500 多台手机。

在终端研发和落地普及方面，中国的智能终端厂商和电信运营商已经走在世界 5G 商用前列。

4. 基站与频段建设

5G 能否快速走向市场应用，需要电信运营商积极地加快 5G 基站规划与建设。我国在 2013 至 2017 年，投入超过 7000 亿元人民币建设了全球最大的移动网络，拥有全球最多的移动用户和宽带用户。这其中，电信运营商的基站建设功不可没。

中国移动在 2019 年 3 月表示，将在 2019 年增加 3 万至 5 万个 5G 基站，积极推进 5G 试验网络建设；中国联通在 2019 年 4 月宣布将在 40 个城市开通 5G 试验网络，继而形成"7+33+N"的全新部署布局；中国电信也将在已展开 5G 网络测试的 6 个城市的基础上再增设 6 个城市，形成"6+6"布局[1]。

中信建投研报预测，2019 年全年，中国将新建开通 5G 基站 10 万

---

1   2019 年上半年中国 5G 政策概览 . 站长之家 .2019.7.23

座左右，全球预计会开通30～40万座。与手续复杂、沟通成本高的欧美国家相比，中国的基站建设在政府的支持下发展迅速，这能在很大程度上加速中国5G商用的步伐[1]。

此外，在频段资源方面，我国主推的3.5GHz中频段已经成为全球产业界公认的5G商用主要频段。2018年12月，工业和信息化部发放了5G系统中低频段试验使用许可。

其中，中国电信获得3400MHz～3500MHz共100MHz带宽的5G试验频段资源；中国移动获得2515MHz～2675MHz、4800MHz～4900MHz的5G试验频段资源；中国联通获得3500MHz～3600MHz共100MHz带宽的5G试验频段资源。每家基础电信企业获得100MHz以上连续试验频段，保障了5G商业应用必需的频段资源[2]。

5.芯片研发

当前，无论是物联网、云计算、人工智能还是5G网络，这些技术背后，都离不开一个重要的产业，那就是芯片（见图4-3）。一般来讲，芯片产业涉及设计、制造、封装、测试等多个步骤。

1　彭方婷.中国的5G究竟领先在哪儿.电子工程世界.2019.5.6
2　刘多.5G对经济发展影响有多大.学习时报.2019.7.4

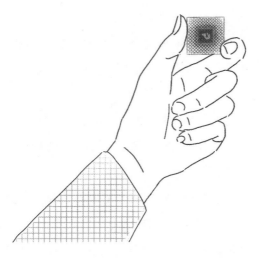

图 4-3 芯片

　　长久以来，我国在芯片领域受制于人。尤其是在设计和制造领域，都处于卡脖子状态。

　　芯片设计领域如同一个"巨型题库"，英特尔公司和ARM公司形成垄断地位，两家公司既是"出题人"，又是"考生"。所以无论是ARM构架下的华为海思、高通，还是X86架构下的AMD，我们要想完整地参与芯片设计都是难上加难。

　　在芯片制造领域，生产制造芯片的机器存在严重垄断现象。三星、联发科、台积电，我们身边95%以上的手机CPU都是出自这三家之手，但是这三家公司的芯片制造设备，都依赖于荷兰的ASML控股公司。在ASML公司严格控制光刻机产能供给的情况下，中国企业长久以来一直无法买到当下最先进的芯片生产机器[1]。

2017年，我国芯片进口额达到2601.4亿美元，约占世界的68.8%。面对"无芯"的困境，中国企业一直在通过各种努力来试图突破。

值得庆幸的是，经过十多年的追赶和积累，目前，以华为、中兴为代表的中国企业，已经在手机芯片、基站芯片方面基本实现了自给自足。另外，在AI芯片领域，我国也有多家企业崭露头角，成为AI芯片领域的独角兽企业。

总的来看，在5G标准、必要专利、智能终端等领域，我国位居全球第一阵营位置。在芯片领域虽然仍落后他国，但整体上处于快速追赶阶段。

5G 发展不仅是电信运营商的事

作为下一个改变世界的技术，5G就像水、电、煤气等公共基础设施一样，将在我们的生活中广泛存在。根据过往通信网络的发展经验，网络发展主要包括规划、建设和应用几个方面。电信运营商主要负责基础设施的规划和建设，但若想真正发挥5G技术的潜力，需要各个行业与5G技术进行深度融合。

1　5G芯片大战开启：为何华为等国产力量能从巨头环伺中突围.电子产品世界网.2019.2.28

从这个角度讲，5G应用能否成功，就已经不仅仅是电信运营商的事情，而是整个社会的事情。因此，与其说"4G改变生活、5G改变社会"，还不如说"社会改变5G"。

5G将会产生更多的垂直行业应用，要求创新主体要能够直击行业痛点。但是，电信运营商很难对具体行业有深入和全面的理解，因此，需要与垂直行业的企业进行深度合作，共同完成5G技术的推进工作。网络建设是必要的，同时，如何更好地将5G技术付诸商用，需要稳扎稳打，各方共同努力。在这个过程中，很多需求需要更懂行业具体情况的龙头企业去挖掘，然后通过合作来寻找合适的技术解决方案，甚至开辟新的商业模式。实际上，5G商用将构建一个更加专业化的服务体系，这种需求来自供需双方的相互刺激和共同探索。

5G如何改变社会:

除了手机之外还会在哪些方面发生变化

在前面的几章中，我们对5G的技术本质和发展现状进行了介绍。那么，5G时代到来之后，新技术会在未来几年的时间里，给我们的社会生活带来哪些改变呢？信息通信行业又将是一种什么样的状态呢？

4G 网络与 5G 网络并行

5G的到来给大家提供了诸多想象空间，但并不是说5G来了之后，就不需要4G网络了。回顾历史，2G网络在我国已经存在超过20年，直到现在，还有上亿用户在使用。同时，GSMA的研究报告显示，预计未来十年内，4G网络仍然是世界各地运营商运营的主要网络。

同时，在5G建设初期，电信运营商建设5G网络的时候采用的是非独立组网（NSA）架构。非独立组网，简单来讲就是使用现有的4G基础设施，进行5G网络的部署。

在5G时代的初期，由于5G网络覆盖不会非常完善，为了避免用户在5G网络下断网，当用户身处没有5G网络覆盖的地方时，电信运营商都会自动将5G网络切换到4G网络，使用4G网络来解决网络覆盖问题。

5G网络使用的频段相对高一些，相比4G，5G需要建设更多的基站，来满足覆盖问题，这就导致5G网络若要达到全覆盖，其建设周期会比较长。在过渡阶段，已经完善的4G网络将作为基础数据网络而存在非常长的时间。未来，国内电信运营商的基站将能够同时支持2G、3G、4G和5G网络服务。

总而言之，从国内通信行业的发展历史来看，4G还是有很大用处的，所以未来比较长的时间，4G、5G要并存（见图5-1），这将是电信运营商的必然选择。很难发生5G来了4G就要退出或者消失的情况。

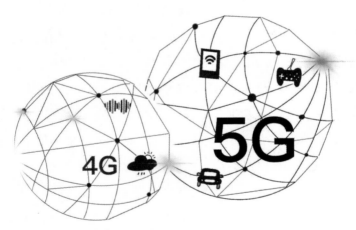

图5-1 未来4G与5G网络并存

技术集群

无论是对于电信运营商还是产业界，5G可以改变我们生活、工作和娱乐的方式，并引领我们走向第四次工业革命。自动驾驶、工业制造、医疗保健、媒体和娱乐、智能城市和公用事业都对网络高速率与低时延有着较高要求。

在自动驾驶、医疗保健领域，5G网络甚至是保证生命安全的必要前提。例如，在无人驾驶的情况下，面对大城市的复杂道路，通过5G网络可以让车与红绿灯、路灯、警示标等道路设施相联接。通过5G网络低时延的特性，系统可以让车辆对突发信息做出及时反应。同样，在医疗领域，5G将让远程医疗、远程手术成为现实，解决医疗资源不平衡的问题，低时延也让差之毫厘则可能酿成大错的手术在远程条件也能完成精确操作，保障了手术的安全性。

媒体和娱乐业更是将大幅受益。英特尔联合咨询顾问公司Ovum在近期完成的《5G娱乐经济报告》中预测，5G将加速包括移动媒体、移动广告、家庭宽带和电视在内的多种内容消费，并通过各种沉浸式和交互式新技术提升用户体验，充分释放虚拟现实(VR)、增强现实(AR)和新媒体行业的潜力。5G大带宽的特点将产生一块"娱乐经济大蛋糕"，5G用户的月平均流量将从2019年的11.7GB增长至2028年的84.4GB。

5G还将成为工业自动化中不可或缺的一环。5G网络将会让工业自动化中的海量传感器互联互通。2018年4月，"5G产业自动化联盟"（5G-ACIA）在德国电气和电子制造商协会（ZVEI）的基础上正式成立。该联盟旨在推动5G在工业生产领域的落地，确保5G从运用之初即具备相应的产业应用能力。中国移动、华为、爱立信、英特尔、诺基亚、博世、恩智浦、高通等公司目前均加入该协会中。5G-ACIA主席Andreas Müller表示："5G将成为未来工厂的中枢神经，为工业生产带来颠覆性的变化[1]。"

5G是一项了不起的技术，但是并不是有了5G网络之后，所有通信网络技术问题就可以解决了。实际上，5G是一项通用技术。如果想让这个通用技术发挥作用，就必须和其他技术相结合。因此，5G技术只有和人工智能、云计算、大数据、物联网、VA/AR等技术融合，才能实现更大范围的5G技术普及。尤其在智慧出行、社会管理、健康医疗、工业互联网、新文创领域几个方面发挥巨大作用。

1　魏德玲.盘点2018：5G从未来走到眼前，万物互联触手可及.飞象网.2018.12.25

1. 智慧出行

在智慧出行领域，5G 技术需要与移动边缘计算、人工智能、自动驾驶、数字孪生、车联网等多种技术进行融合，共同合力发挥作用。一方面，5G 毫秒级网络时延与极高可靠性特点必然促使车联网的自动驾驶技术高速发展，这是可预见的 5G 主要应用领域。配合部署移动边缘计算，自动驾驶系统能够不停地把汽车行驶路况、加油站、充电桩、维修站等数据传到网络上，同时进行反馈。这些信息包括路面交通和周边设施情况、精准导航和其他道路障碍、车辆移动位置与速度等。另一方面，基于人工智能与大数据分析技术，借助数字孪生技术，能够将收集来的数据进行分析和机器学习，不断提升车辆的智能化水平，从而使得车辆驾驶者免遭交通事故，使车辆能够适应可能出现的任何突发情况，同时，系统还可以动态地规划出最佳行驶路线。5G 最终将促使行业形成汽车生产商、车载设备商、互联网公司、基础电信运营商、道路管理及监管部门通力合作，共同实现跨领域的互联互通平台，真正实现智慧出行。

2. 社会管理

在社会管理领域，5G技术也需要和其他技术相互协同。例如，在城市安全管理方面，5G将进一步推动高清摄像头、信息感知设备和安全报警器的部署与应用。5G网络使得4K甚至8K的高清视频传输成为可能，同时结合图像（人脸）识别和人工智能技术，可以使智慧安防系统更加快速地自动分析犯罪嫌疑人的面部表情、肢体语言和潜在行为轨迹，从而识别出犯罪嫌疑人的身份。

例如，2019年上半年发生的男子深夜当街暴打女孩的热点新闻。视频流出后，出现了全民通过肉眼猜测事件发生地、警方网络悬赏嫌疑人身份线索等后续事件。最终通过警民合力，犯罪嫌疑人在事件发生的两天后被抓获。这在4G时代算是比较快的抓捕行动。

但若此事发生在几年后的5G网络环境下，可能的事件走向是，当城市管理部门在城市各地部署的高清摄像头捕捉到疑似犯罪行为的画面时，通过网络快速报警，并自动上报警方事件发生的地点。同时，通过高清视频信息和人脸识别技术立刻分析出犯罪嫌疑人的身份。警方及时出现在现场保护女孩，并当场抓获犯罪嫌疑人。在危险预防方面，犯罪嫌疑人的身份和图像将存入危险人群数据库。当此人日后进入某小区时，小区保安会自动收到一条警报，提示有犯罪前科的危险人群进入小区，需要加强安保和安全预防工作（见图5-2）。这样一来，5G网络将配合多种先进技术，实现超远距离安防和犯罪分子的行为监测，帮助监管部门优化资源配置，加强城市管理能力。

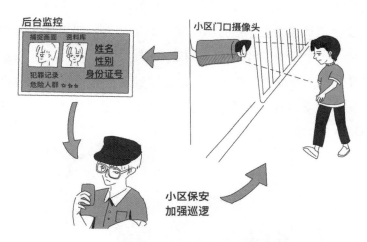

图 5-2 基于人脸识别技术的危险人群预警系统

同时，在危险性极高的环境中，远程控制技术、高清视频技术和5G相结合，可以让机器人取代人类的操作，完成一些超高难度的任务。例如，在灾害地区寻找幸存者和信息比对工作，或在环境恶劣地区实施巡逻，这些场景都可以激发5G与其他技术融合应用的潜力。这不仅可以提高工作效率，还能保护工作人员的人身安全。

3.健康医疗

在健康医疗领域，5G与VR/AR、高清视频、可穿戴设备、人工智能技术的结合，将有助于真正打破医生提供医疗诊断服务的空间限制。5G网络可以支持每平方千米百万级联接数的设备接入，可穿戴设备的普及有望加速落地。医疗人员可以借助可穿戴设备来采集患者的生化指标，实时监测患者当前的健康状态[1]。清晰、实时地了解患者当前的身体状态，有助于优化医疗人员配置资源。借助5G网络与高清医疗影像、触觉反馈技术的融合，远距离操控手术机器人为患者做手术将成为可能（见图5-3）。

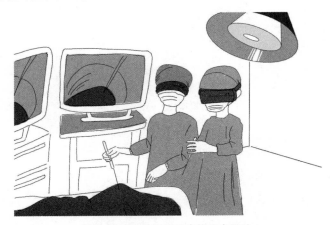

图5-3 基于VR影像技术的手术场景

---

1 参考IoT Analytics网络资料

前不久，中国联通利用5G网络就完成了远距离猪肝切片手术试验，整个手术过程的时延仅为2毫秒。突破物理时空限制的异地手术有望真正落地普及。

4.工业互联网

我们在前面几章讲到，5G技术已经不仅仅是人与人之间的通信，它把通信范围拓展到了人与物、物与物之间。根据GSMA发布的《2018年全球移动趋势报告：哪些因素在推动移动产业前进》报告，我们得知，69%的企业家认为，一旦5G时代到来，企业服务会是最重要的营收来源。企业在物联网联接中所占比重将从2018年的41%攀升至2025年的55%。

对于工业互联网来讲，5G有两个很重要的特性，就是超低时延的网络传输速度和海量的物联网联接。德国某研究所在5G网络下对飞机喷气式发动机所用的扇叶盘进行测试，发现利用毫秒级的低时延能力控制和实时监控生产工艺，可以将打磨时间降低25%，质量提升20%[1]。所以，5G网络可以有效提升工业生产效率，把人、机器设备、工业产品和工业服务互联互通，通过机器学习实现智能控制，从而提

---

1   王改静.牌照临近，但真正的5G工业互联网应用场景有多少.通信产业网.2019.4.9

升产品的品质。

比如，在化工领域，工业生产流程非常严格，包含液压监测、漏气监测、压力控制、闸门控制等数以千计的数据采集点。流程要求，一旦检测到数据异常，必须在规定时间内启动应急控制措施。数据采集及控制系统对网络的高可靠低时延特性有着严格的要求。现有的数据采集终端均采用有线连接的方式。生产园区范围较广，采集终端分散，线缆部署工程往往需花费近百万元人民币，需历时6至7个月才能完工，并且故障排查十分困难。

而5G通信网络的低时延、广联接特性完美地契合了化工领域数据采集需求。通过5G网络，一旦发现数据异常，系统能够做到立即发出警报并启动应急控制系统。将端到端的时延降低到20毫秒，满足了工业控制的要求。这种新的业务形成充分发挥了5G的特性优势，使得工业数据采集终端摆脱传统有线的部署方式，依托高可靠的5G网络进行数据传输及控制，降低了企业的硬件部署成本，有效控制生产风险，大幅提升了生产效率[1]。

所以，可以预见，5G技术的应用巨大潜力，将会在产业领域发力，在产业互联网发挥更大的价值。

1　王改静.牌照临近，但真正的5G工业互联网应用场景有多少.通信产业网.2019.4.9

5. 新文创领域

5G将促进用户交互方式再次升级，可以让游戏玩家拥有身临其境的互动体验，足不出户就能感受游戏的紧张刺激，抑或是体验运动员的极限动作。

新文创领域业务的革新有赖于画质的分辨率、渲染处理速度的全面提升，无论是游戏、直播还是VR/AR业务，新文创行业越来越依赖网络传输技术的能力，而这正是5G能够带来的最主要变化。随着用户体验需求的升级，在5G、移动边缘计算能力的支撑下，"Cloud+5G+"的行业运营模式可以有效减轻终端压力，使得终端"无绳化"成为可能。尤其是将画面渲染和计算能力部署到云端后，实现内容上云、渲染上云、制作能力上云，可以有效降低对终端的性能要求，从而实现低成本和高移动性终端的大量普及和应用。5G的应用可以打破设备对移动空间的限制，满足强交互的低时延、大带宽需求。《头号玩家》的虚拟场景有望很快实现。

商业模式重塑

在2G、3G时代，信息通信上下游企业分工较为明确，基础电信运营商重点负责管道业务，华为、中兴等设备厂商聚焦设备业务，诺基亚、摩托罗拉等手机制造厂商负责终端业务。但随着信息通信技术的不断演进，传统的分工模式将会被快速打破。我们发现，设备厂商开始将能力下沉。设备厂商以往的核心生产能力在于生产通信网络设备，例如交换机，并不是手机终端。而近几年，以华为公司为代表的设备厂商逐渐成为智能手机终端的主要生产者，相当于从以往与厂商对接的模式（TO B）转变为直接与广大用户对接的模式（TO C）。

其他跨领域企业也对终端业务跃跃欲试。例如小米这类新创立的互联网企业，以及苹果这类从台式机生产者转型为手机生产者的企业，早已经将业务扎根于智能终端领域，并取得了傲人的成绩。前期做增值业务的企业，也开始逐步向上游拓展，例如以腾讯、阿里巴巴为代表的互联网企业开始积极布局云计算业务。运营商同样不甘示弱，通过各个分公司、基地等渠道拓展内容生产业务。

可以说，传统分工模式已经随着技术的演进逐步瓦解，企业不但面临垂直行业竞争，更要面临跨领域的竞争。应用形式不断创新，技术能力不断突破，都在打破原有的商业模式。过去，先规划设计网络，之后让应用适应网络架构的这种商业模式，将难以为继。新模式、新业态在不断冲击传统的商业规划模式。

以微信为例，在3G、4G时代的网络架构中，电信运营商在设计之初并没有考虑到 OTT 应用的出现和普及。OTT 是英文 Over The Top 的缩写，直译为"过顶传球"，是指由电信运营商之外的第三方服务商提供直面用户的服务，并跨过电信运营商直接向用户收费的商业模式。当微信快速获得市场认可时，运营商非但没有获得足够的收益，反而因为微信不断发送信令，导致运营商自己的网络资源极大被占用。因此，传统的网络设计并不能适应新型产品和创新业务模式，从而导致运营商增量不增收。

在行业壁垒逐步被打破的趋势下，如何改变过去的商业模式，鼓励互联网应用研发，激励内容生产企业共同参与网络架构的设计，推动应用与网络动态适配、网络标准的制定工作，成为 5G 时代必须要面对的课题。

垂直应用领域的大转型

5G 技术的快速落地实施，需要各个垂直领域积极探索融合方式，从而推动新技术在更大范围的应用。我国的经济增长已经进入高质量发展阶段，技术创新与行业融合将成为经济增长能力转型的重要支撑。在未来十年，许多行业将向精细化生产、产品全生命周期、低能耗处理、自动化协作、全时在线等方向进行转变。众多垂直行业，如智能制造、智慧出行和远程医疗等领域，有望采用 5G 技术进行商业模式转型，以满足用户对产品和服务的新需求[1]。

1. 工业制造领域

随着工业信息化、自动化程度的加深，智能工厂成为工业制造领域的发展趋势。云计算、大数据、人工智能技术的应用，将会进一步提升工业生产的效率和产品质量。未来，要实现工厂的数字化、智能化，各个行业将会充分利用 5G 技术。

到 2025 年，工业互联网生产模式预计将在全球经济方面创造约 14.2 万亿美元的价值。5G 技术将给制造业带来巨大影响，主要包括工业生产过程智能化、生产线自动化、供应链全程优化、上下游企业间的数据分析与共享等方面。

2. 智能出行领域

汽车行业正在向电动化、联网化、共享化的方向发展。自动驾驶汽车的普及，将会有效改善交通状况，缓解城市道路拥堵，有效减少燃料资源用量，对人们的出行方式将产生深层变革。为了实现这一目标，汽车制造商、互联网企业与电信运营商均在开展自动驾驶的相关

1　5G Americas：5G服务用例.中国信息通信研究院CAICT.2018.1.26

研究与试验。5G技术在汽车行业主要用于辅助驾驶、精准定位、实时导航、远程控制、车载娱乐等方面的服务。

3. 医疗健康领域

5G时代，智慧医疗模式将进一步普及落地。5G技术与人工智能技术可以有效提高医疗资源的合理分配程度，对个人健康管理行业和远程医疗服务行业进行全面优化，提高医疗领域的资源分配效率。5G将推动远程医疗领域和医疗数字化领域的发展，并通过大数据技术进一步提升医疗诊断准确率。5G技术将主要应用于远程监护、远程医疗、远程手术等临床医学场景。

4. 媒体娱乐领域

媒体和娱乐行业在改善用户体验方面正在进行商业模式的快速转变。5G技术有望在媒体和娱乐领域发挥关键作用，为VR/AR、全息影像、4K/8K高清直播等场景提供更加快速的信息传输能力[1]，从而满足企业和用户对高品质内容提出的需求。

1　5G Americas：5G服务用例.中国信息通信研究院CAICT.2018.1.26

第 6 章

5G与VR/AR的融合:

虚拟现实和增强现实领域或将最先受益

互联网和物联网将是 5G 技术发展的主要驱动力。预计在 2020 年至 2030 年之间，移动业务流量将增长数万倍，移动网络联接的设备将不仅仅是智能手机，大量物联网设备将接入网络，联网设备有望超过 1000 亿个。5G 网络将成为构筑万物互联的基础性设施，为整个通信行业带来翻天覆地的变化。同时，对于其他行业来说，5G 跨领域的融合作用为人们提供了更多想象空间。就像现在流行的"互联网+"一样，在未来几年，也会形成"5G+"的产业改革热潮。那么，有没有哪些行业领域会率先使用 5G，成为 5G 第一批融合的产业呢？

在 5G 的三个典型特点中，最先确立标准，也是最接近使用场景的，是大带宽特点。VR/AR 正是应用了 5G 技术大带宽的特性。因此，VR/AR 有望最早从 5G 技术中获益，并实现落地商用[1]。

那么，什么是 VR/AR 呢？我们先来看看 VR/AR 的定义。

1　李珊.国内外 5G 重点通用型应用略有不同.C114通信网.2019.3.27

VR/AR 的基本情况

VR 是英文 Virtual Reality 的缩写，即虚拟现实。AR 是英文 Augmented Reality 的缩写，也就是增强现实。

虚拟现实由来已久，钱学森院士称其为"灵境技术"，指采用以计算机技术为核心的现代信息技术生成逼真的视、听、触觉一体化的一定范围的虚拟环境。用户可以借助必要的装备，以自然的方式与虚拟环境中的物体进行交互作用，产生相互影响，从而获得身临其境的体验。

增强现实是将真实世界中的信息与虚拟世界中的信息进行无缝集成的一种新技术。它可以把原本在现实世界中一定时间、空间范围内很难体验到的实体信息，通过模拟仿真，之后再进行信息叠加，从而将虚拟的信息应用到真实世界中，被人类感官所感知，从而达到超越现实的感官体验。最终呈现出真实的环境和虚拟的物体叠加到了同一个空间中的效果。

虚拟现实和增强现实之间有区别也有联系。通俗来讲，虚拟现实是把人的视觉完全隔离，让人感受由计算机构建出的一个世界，让你仿佛置身其中，产生一定的沉浸感。而增强现实是相对开放的，它把计算机信息生成的虚拟信息叠加到真实世界中，产生增强效果，使人对现实世界有了更丰富的感知。

总的来看，虚拟现实和增强现实的应用会在文娱领域和智能制造领域等多个领域发挥巨大作用。

文娱领域是VR/AR主要的发力点，包括游戏、社交、影视、直播等具体形式，例如，虚拟社区、VR影院、VR全景直播等；VR/AR在智能制造领域的作用主要涉及虚拟设计、虚拟装配、生产线运维及巡检等方面；另外，VR/AR会在医疗健康方面实现落地，主要涉及手术培训、早期检测、心理干预治疗等场景；同时，在教育科普方面，VR/AR能够提供虚拟教室、虚拟课件、在线互动教育等形式的应用拓展；在商贸创意方面，VR/AR能够在家装、房产等营销场景发挥作用[1]。

自由度、分辨率、视场角、刷新率与时延等因素是决定产品使用体验的关键指标。目前，市面上主流VR头显（头戴式显示设备）的最佳指标参数为：六自由度、4K分辨率、120°以上视场角、120Hz以上刷新率、低于20毫秒的时延。

六自由度又被称为6DoF，是相对于三自由度（3DoF）而言的空间移动属性。前者意味着，使用者可以在虚拟现实世界内，不受拘束地

1　中国信息通信研究院.绽放杯5G应用征集大赛白皮书.2018

自由移动，并且，设备可以追踪识别人的肢体动作和位置移动；而后者意味着，设备只能感知使用者头部的转动，并不能识别用户在空间中的位置移动。

分辨率是指显示器所能显示的像素有多少，它决定了屏幕中所显示的图像清晰与否。分辨率越高，图像越清晰。目前，主流的VR头显都把4K分辨率的显示效果作为一项重要技术指标。

视场角是显示器边缘与人的眼睛连线的夹角，通俗地说，当目标物体超过这个角时，就不会被显示在屏幕里。因此，视场角的大小决定了光学仪器所呈现的视野范围，视场角越大，视野就越大，更加接近人在现实世界中的体感，用户在使用VR设备时就能得到越强的沉浸感。

刷新率与时延则直接与用户佩戴VR设备时是否产生眩晕感有关。当刷新率达到120Hz以上，时延低于20毫秒时，用户的使用舒适度可以大大提高。

目前，国内外的VR/AR企业所生产的产品整体情况仍存在较大差异，我国的VR/AR产业发展仍处于起步阶段[1]。

VR/AR最近两年十分火热，有媒体把2016年称作为VR/AR元

1　中信建投证券.乘风5G，掘金文娱新大陆.2019.4.29

年，但是这样的繁荣并没有持续多久，甚至不少业人士认为VR/AR产业的繁荣只是被媒体过度吹嘘的泡沫。有研究数据表明，2017年年初以前成立的1600多家VR/AR企业，运营到2019年上半年时，有90%的企业都已倒闭。这些倒闭的VR/AR企业目前都存在一系列尚未解决的问题。产品的用户体验是决定一个产品能否占据市场份额的根本，但是不少VR/AR产品在市场上的反馈并不是很好。

从目前VR/AR的行业发展情况来看，产品存在三个典型问题需要解决。一是渲染能力不足。目前，VR渲染主要通过本地终端进行处理，而终端的硬件处理能力尚无法满足用户的体验需求，很难消除用户的眩晕感。二是缺乏优质内容。我国尚处于虚拟现实内容制作的探索阶段。内容匮乏，缺少创新性成为制约行业发展的主要原因。4G、5G网络是优质内容的载体，在未来发展VR/AR行业时，也要注意避免"有车没油"的现象发生。三是产业生态不成熟。国内ICT巨头公司在重点领域广泛布局，众多中小型企业围绕VR/AR产业链中的薄弱环节进行有针对性的软硬件研发和内容制作。我国VR/AR企业目前处于小、散、乱的状态，尚未出现以核心知名公司为中心的产业生态，龙头企业的产业带动效应没有显现，VR/AR应用仍然局限在小众市场。

不过，随着最近两年硬件终端和信息通信技术的快速发展，尤其是5G大带宽、低时延的特性发挥作用，VR/AR产品的问题有望得到快速解决，VR/AR 正在加速向生产与生活领域渗透，应用覆盖文化娱乐、智能制造、医疗健康、教育科普、商贸创意等领域，"VR/AR+"的时代有望到来。

2018 年，全球虚拟现实 / 增强现实终端出货量约为 900 万台，其中 VR、AR 终端出货量分别占比 92% 和 8%。预计到 2022 年，终端出货量接近 6600 万台，其中 VR、AR 终端出货量分别占比 60% 和 40%。在 2018 年至 2022 年这五年期间，产品出货量增速约为 65%，其中 VR、AR 终端增速分别为 48% 和 140%[1]。据高盛公司预测，到 2025 年，全球虚拟现实 / 增强现实软件应用规模将达到 450 亿美元。其中，文化娱乐类产品发展由大众的需求推动，其余应用领域主要由企业及公共部门的资源推动。

VR/AR 的分类

VR/AR 与 5G 技术相结合，既可以充分发挥 5G 低时延、大带宽的技术优势，又可以进一步拓展 VR/AR 的交互性和沉浸式体验。

从体验上看，中国信息通信研究院的报告指出，可将 VR/AR 的业

---

1   中国信息通信研究院.华为技术有限公司.京东方科技集团股份有限公司.虚拟（增强）现实白皮书.2018

务场景分为弱交互VR/AR和强交互VR/AR。弱交互VR/AR是指用户与虚拟环境或现实环境不发生实际的交互，用户只是作为信息接收者。对于5G网络的主要需求是大带宽。例如VR+影视、VR+直播的视频类业务就属于典型的弱交互VR/AR。强交互VR/AR是指用户可通过交互设备与虚拟环境或者现实环境进行互动，人的动作能够对计算机生成的信息产生影响。强交互VR/AR的沉浸感更强，对于5G的大带宽和低时延同时具有较高的需求，要求信息不仅是输出，还能够捕捉人体动作，并将信息输入虚拟环境。例如VR游戏、VR工业设计等都属于强交互VR/AR范畴。

无论是弱交互还是强交互，VR/AR业务越来越依赖于网络传输技术。尤其是VR/AR给用户带来的沉浸感，有赖于画质的分辨率、渲染处理速度的全面提升，而这正是5G能够带来的最主要变化。5G技术可以提供超大带宽，实现超低接入时延和广覆盖的接入服务，从技术上充分满足虚拟现实/增强现实业务的沉浸体验要求。

5G网络天然具有移动性和随时随地访问的技术优势，为VR/AR业务提供更加灵活的接入方式。随着用户体验需求的升级，有了5G网络、云计算能力的支撑，在未来，Cloud+5G+VR/AR将成为虚拟现实/增强现实业务的重要延伸发展方向。5G使得VR/AR业务从固定场景、固定接入的使用方式，走向移动场景、无线接入的使用方式，在技术实现上为虚拟现实／增强现实的多元化业务场景赋予新的活力。

在5G网络环境下，可以使云计算的能力发挥出更大的作用（见图6-1），并叠加应用在VR/AR场景中，对产业发展和技术需求产生巨大影响。

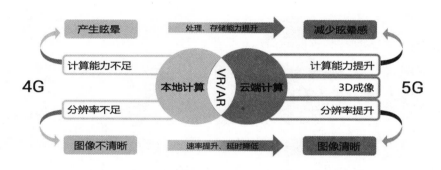

图6-1 本地计算与云端计算的对比

第一，设备实现"无绳化"。

VR/AR设备若想为用户提供较好的沉浸式体验效果，在技术上需要高速稳定的网络传输环境作为基础。一旦网络不稳定或传输速率过低，将会导致渲染能力不足、时延过高、眩晕感强烈等问题。现有的网络速率较低、容量不足，导致无线网络传输不稳定，因此目前大部分VR/AR设备还是通过"有线"的方式来进行连接，以确保网络速率的稳定性。

　　未来几年，5G网络环境将逐步完善，VR/AR设备可以随时通过云端来运行程序。计算和渲染结果通过无线网络快速回传给VR/AR设备。VR/AR设备可以彻底告别有线连接的传输方式。因此，用户在使用VR/AR设备的时候，可以突破物理空间的局限性，随意进行移动，实现真正的设备"无绳化"。

　　第二，设备实现"轻量化"。

　　传统的VR头显设备不仅需要通过有线连接的方式进行数据传输，而且，为了达到比较高的分辨率，设备需要较高性能的GPU，这就导致用户佩戴的头显设备复杂度高，容易发热，且头显设备较为笨重。

　　目前，云计算技术已经较为成熟，VR/AR设备中复杂的渲染过程可以通过5G网络上移到云端进行实时处理，提升VR/AR设备呈现的画面质量，实现即刻交互的能力。将渲染过程上移到云端处理，也可以降低用户终端设备的复杂程度。这样一来，不但可以减少设备生产成本，还能确保用户更好地感受到高质量的沉浸式体验。要实现设备"轻量化"的目标，一方面需要云计算技术的支持，另一方面需要5G网络来提供较大的带宽支持。两者结合能够给VR/AR行业带来更多创新的新机遇。

　　云计算技术有其优势，也有其不足。远距离无线数据传输仍不可避免地会产生高时延。针对这个的问题，我们可以利用微型基站来提供网络覆盖服务，通过移动边缘计算技术，将数据处理能力部署在靠近用户的位置，预先处理一部分数据信息，然后再将处理过的信息传输给云端计算中心进行渲染，从而提高云计算的运算、传输速率。多种技术互相融合，打出组合拳，能够催生VR/AR行业多样化的应用产品。

随着5G商用的落地，VR/AR的发展有望不仅仅局限在传统的游戏娱乐领域，而是逐渐融入其他垂直领域。5G+云计算+移动边缘计算的全面融合，将推动云化VR/AR时代的到来。VR社交、VR教育、VR医疗等广泛的VR应用场景或将极大地改变我们的生活形态[1]。

5G+VR/AR 的应用案例

5G网络环境下，VR/AR技术将得到很好的应用，并在多个领域发挥作用（见图6-2）。

1　中信建投证券.乘风5G，掘金文娱新大陆.2019.4.29

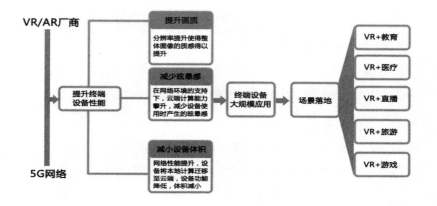

图 6-2 5G+VR/AR 在多个领域发挥作用

在新闻领域，2019年全国两会新闻中心媒体工作区，记者们利用安装在人民大会堂"部长通道"的5G+VR高清摄像头，可以通过VR眼镜身临其境地以360°视角实时观看部长采访的直播场景。

在教育领域，成都天府七中和凉山州万达爱心学校，通过5G+VR实现了同频互动、同步上课。传统的云课堂虽然也能做到同步上课，但由于网络速度慢，会出现延迟、卡顿等现象，图像信息的精度也会大打折扣。5G技术的应用使得VR等先进的教学手段成为可能，即使在几百千米的学生也能零时延地同步上课，像亲临现场一样，多角度来感受课堂氛围。在生物课《植物的分类类群》和物理课《科学探究》

中，凉山州的学生戴上VR头显，从教室全景、教师和学生等视角，沉浸式体验360°高清教学[1]。

在党建方面，山东广电制作的首套VR党建纪录片《红色记忆》，以国内428家爱国主义教育示范基地为对象进行全景式VR复现，已经在山东、新疆、北京等多地应用。并支持山东两会相关报道，为5G产业峰会现场提供5G+VR+4K的直播服务。

当然，要让5G技术的诸多优势在VR/AR领域中进行卓有成效的应用，还有很长的路要走。一方面要解决网络环境与终端硬件匹配问题，另一方面也需要在内容和产业链上进行完善。作为5G大流量的重要应用方向，VR/AR应用将会随着5G网络商用的完善，加快向生产与生活领域渗透。

---

1   全省首个5G云教育基地落户天府七中.成都日报.2019.6.1

第 7 章

5G 与车联网的融合:

开启汽车行业的新一轮工业革命

道路如同城市的血管，血管的通畅程度与城市活力息息相关。但是，在城市规模越来越大、人口数量不断增长、交通拥堵程度持续加剧的当下，仅靠加快道路建设等方式来构建便捷高效的交通体系，已经变得愈发困难。现在，国内很多大城市每年的汽车使用数量以20%的速度增长，而新修道路的增长速度仅为2%[1]。人、车、路之间资源供需不平衡。汽车已经塞满了城市，然而市民仍然觉得出行资源不够用，限购、限行、打车难等状况依然存在；然而，汽车又是使用率很低的工业品，受制于道路拥堵、公司附近停车难等客观原因，许多拥有汽车的家庭只在周末开车出行。工作日，为了避开拥堵，有的人甚至开车到离家最近的地铁站停车场停车，然后再乘坐地铁出行。有数据显示，汽车的平均闲置时间达到了95%。城市不得不为这95%的汽车闲置时间建造大量的停车场[2]，有的小区一个车位比一辆代步车的价格还要贵。

1　贾光平.轨道巡检车横向动力学的研究[D].上海：上海交通大学.2015
2　安信研究中心.史上最全的自动驾驶研究报告.2019.5.9

当前，交通出行困局的根源是人、车、路三者之间在特定时间段的供需矛盾。增加车辆、修建道路都是治标不治本的措施，即使是共享出行，也只能解决一部分的问题。我们需要从底层创新上寻求现有交通出行问题的解决之道。

5G网络作为城市和车辆的联接点，道路也成为通信网络、云计算、智能传感器融合创新的交汇点。如何利用新的技术来提升城市智能化水平，增强城市路网与车辆的协同效率和安全性，从而降低城市拥堵，并改善出行体验，成为技术改变生活的新机遇和新挑战[1]。

什么是车联网

车联网是物联网技术在智能交通系统领域的延伸，被认为是物联网体系中最有产业潜力、市场需求最明确的领域之一。

根据中国信息通信研究院发布的定义，车联网是指，借助新一代信息和通信技术，实现车内、车与车（V2V）、车与路（V2I）、车与人（V2P）、车与服务平台（V2N）的全方位网络联接（见图7-1），提升汽车智能化水平和自动驾驶能力，构建汽车和交通服务的新业态，从

1　翟尤.5G车路协同创新应用白皮书.2019

而提高交通效率，改善汽车驾乘感受，为用户提供智能、舒适、安全、节能、高效的综合出行服务[1]。

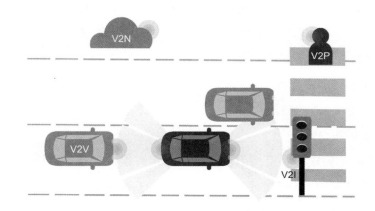

图7-1 车联网中的各个要素

从本质上说，在5G网络环境中，汽车不再是"行走的精密仪器"，也不只是一台"行走的计算机"，而是"行走的第三空间[2]"。车联网为智慧交通注入了新的活力。诸多科幻电影里出现过这样的场景：人们随手召唤一辆无人驾驶交通工具，就可以在没有任何拥堵的情况

1　中国信息通信研究院.车联网白皮书.2017
2　安信研究中心.史上最全的自动驾驶研究报告.2019.5.9

下抵达目的地。车联网作为一种新的智能技术解决方案，将有效解决城市的拥堵问题，提升道路资源使用效率，保障乘车人的安全。

车联网最基础的元素是汽车。全球范围内，近年来汽车的年销量较为稳定，约为每年1亿辆左右。行业内的普遍做法是在新车出厂前预装车载软件。车联网功能的预装也可以效仿此模式，因此车联网的推广和普及比较方便。预计，预装车联网功能的汽车会由2017年的1430万辆增长到2022年的7838万辆，渗透率由2017年的15%，上升至2022年的69%。

国内外多家调研机构的预测报告显示，预计全球车联网市场规模将从2017年的525亿美元增长到2022年的1629亿美元，复合年均增长率为25.4%；中国车联网市场规模将从2017年的114亿美元增长到2022年的530亿美元，复合年均增长率为36.0%，高于全球平均增长速度[1]。

随着技术创新的快速普及，智慧交通生态搭建与汽车智能化成为未来发展的必然趋势，车联网则是智慧交通的核心，也是解决交通出行安全问题的有效切入点。

1　前瞻产业研究院.中国车联网行业市场前瞻与投资战备规划分析报告.2019

美国国家公路交通安全管理局（NHTSA）的官方数据显示，车辆与车辆之间的通信技术能预知即将发生的交通事故，并对潜在危险发出实时预警，它的广泛应用能避免高达81%的轻型碰撞事故。中国汽车工程学会（SA-China）的研究表明，车联网技术的广泛应用可以使得普通道路的交通运输效率提高30%以上。目前，车联网主要涉及车载系统、路侧系统以及数据交互系统三个主要部分。

1. 车载系统强化车辆行驶安全

车载系统主要负责获取车辆自身的状态信息，并对周围行车环境进行感知，完成车辆的安全驾驶，比如车车避撞、人车避撞、交叉口安全通行、换道辅助驾驶等具体功能。

2. 路侧系统提高道路通行能力

路侧系统与各个传感设备进行通信，可以获得当前的道路情况，包括交叉口行人信息采集、突发事件快速识别与定位、密集人群信息采集、多通道交通流量监测、通道异物侵入等信息，系统对这些信息进行获取、处理、分析和发送。

3.数据交互系统保证有效通信

数据交互系统能够实现路侧设备与车载单元之间的交互，打通各种有关行车安全、交通控制和信息服务的众多要素之间的联系，最终确保整个车路协同系统快速、稳定运行。

车联网技术的优势

车联网技术的优势主要体现在安全性和高效性两个方面。

1.安全性

人类驾驶汽车行驶在复杂路段时，主要靠自己的经验来控制方向盘。而机器人可以应用机器学习技术来精准模拟舒马赫的过弯技巧。人类操纵汽车是靠手感，是靠脚踩下去的感觉，机器人可以精确到毫米、微米去控制机械。机器人也不会疲劳驾驶、酒驾。在技术足够成熟的前提下，车联网体系中的自动驾驶技术的综合安全性会比人类驾驶高出一个量级。

《2015年全球道路安全现状报告》指出，全球每年死于交通事故的人数约为 125 万人。车联网技术的应用能够整体提升城市交通环境的安全性,从而避免这么多因交通事故造成人身伤害的情况发生。

2.高效性

罗振宇提出了"国民总时间"的概念。时间是最有价值也是最稀缺的资源。在大部分人的一天 24 小时中,上下班是逃不掉的固定时间支出,尤其是在地理尺度较大的一线城市,人们居住和上班地点普遍相隔较远,交通拥堵会令本已很长的客观交通出行时间延长。

高德地图发布的《2018 年度中国主要城市交通分析报告》显示,以北京为例,人均年拥堵时间高达 174 小时,上下班时间过长消耗时间与金钱(见图 7-2)。有这样一个公式:

拥堵损失 = 城市平均时薪 × 因拥堵造成的延迟时间 × 人均全年上下班次数

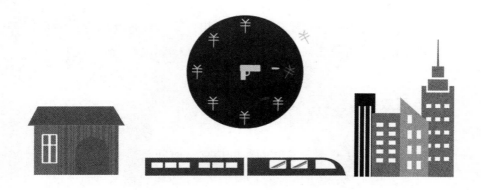

图7-2 上下班时间过长消耗时间与金钱

根据百度公司的测算数据，我国每年因为交通拥堵大概会造成GDP损失 5% ~ 8%。在5G时代，用户浪费在驾驶汽车上的时间会被解放出来，这些时间都可以转化成生产力，释放巨大的经济价值[1]。

车联网发展路线

随着通信技术和自动驾驶技术的快速发展，车联网技术的提升开始进入快车道，其商用发展分为三个阶段（见图7-3）。

1　安信证券.自动驾驶：百年汽车产业的"iPhone"时刻.2019.3.30

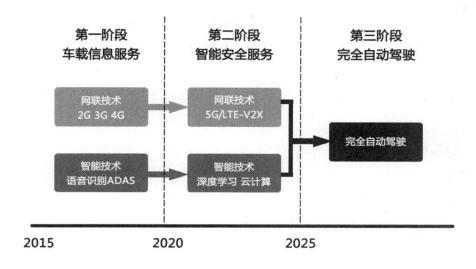

图7-3 车联网技术商用发展的三个阶段

2020年之前是第一阶段。这个阶段的主要任务是建立人与物、物与物的联接。在车联网技术应用初期，具有自动驾驶功能的汽车普及率较低，与之配套的交通基础设施还没有完成智能化升级改造。2020年以前，让路侧基础设施通过无线通信网络技术实现联网，打通汽车内外信息流是工作的重点。同时，在用户侧需要利用资本和营销手段培养用户的使用习惯，逐渐积累用户规模，通过人口红利摊薄新技术的成本，从而降低每个用户所需承担的费用，促进车联网行业发展[1]。

2020年至2025年是第二阶段。这一阶段需要着眼于车联网技术能力的提升。这个阶段与5G商用初期阶段相吻合。这一阶段的车联网发展宜与5G网络升级相配合进行整体规划，引入5G/LTE-V2X技术，部署多级计算平台，从而增强数据处理能力。在用户数量激增的情况下确保网络的畅通。随着智能化、网联化、共享化程度的提升，汽车将逐步从代步工具向信息平台、娱乐平台等"第三生活空间"进行功能转化。出行业务形态将更加丰富，形成一定规模的共享类、大带宽需求业务，并实现部分自动驾驶功能。

2025年之后的时间是第三阶段。这一阶段主要聚焦于自动驾驶的应用升级。经过前两个阶段的不断积累，车联网用户数量预计可以达到足够的规模。同时，随着汽车产业技术的不断发展，车联网服务的终端届时预计可以实现从辅助驾驶到完全自动驾驶的转向。由此，车联网在2025年将进入完全自动驾驶阶段，实现基于自动驾驶的智慧城市交通体系[2]。

---

1   前瞻产业研究院.车联网行业政策发展与市场前景分析.2019.2.13
2   东兴证券.通信行业深度报告：十年涅槃，车联网千亿市场将开启.2018.8.14

车联网技术是未来智能汽车、自动驾驶、智能交通运输系统的基础和关键技术，它们之间互相促进，助推发展。自动驾驶汽车是通过车载环境感知系统来感知道路环境的，同时，系统可以自动规划和识别行车路线，并控制智能车辆到达预定目的地，是汽车智能化和网络化的具体体现。车联网实际上是自动驾驶汽车、智能汽车发展的重要基础设施，也是智慧交通的基本保障，整个过程由车辆位置、速度、路线信息、驾驶人信息、道路拥堵情况以及交通事故信息等重要信息元素组成，并且通过5G网络、云计算、人工智能技术来实现网络化智能交互控制。

5G 推进车联网发展

移动网络与智慧交通的发展是相互不断适配的过程。1G、2G时代，车上的通信主要用于满足车载紧急呼叫；3G网络推出，与CAN相联后，车联网技术能够收集车辆的运行参数，并保证车辆召回等基本措施，车联网技术的发展开始起步；现在，利用3G、4G网络，车联网能够提供全新的定制化智能服务，如导航、大数据分析等功能；随着5G技术的发展，车联网可以依靠5G高速率低时延的技术特性与网络中的大量数据点进行无线联接，发展出未来智能汽车、自动驾驶、智能交通运输系统等成熟应用[1]。

　　5G 网络能够催生更多的车联网应用场景，给消费者带来升级的消费体验。随着我国 5G 网络的快速部署，5G 技术的特点将在精准定位、自动驾驶、高清地图、车载信息娱乐等方面，提供全方位的联接能力，同时也能够实现不同行业之间的数据共享。目前，车联网技术利用 5G 网络的特性，主要聚焦于高速数据下载、紧急信息通知、广域信息覆盖这几个应用场景。

　　在高速数据下载方面，利用 5G 网络大带宽的特点，车联网场景下的自动驾驶汽车可以快速下载高精度地图。同时，用户在驾乘过程中也可以无卡顿地享受云游戏等新型娱乐服务。

　　在紧急信息通知方面，利用 5G 网络的低时延特性，路面一旦出现异常情况，车联网系统可以实时进行 V2X（指 V2I、V2V、V2P、V2N 的统称，X 代表任何其他个体）消息广播，从而迅速通知周边车辆。

　　在广域信息覆盖方面，利用 5G 网络可以联接海量终端的特点，车联网可以实现路面感知信息的大范围分发，协助车辆进行预见性驾驶，从而减少基站之间的切换。

1　前瞻产业研究院.中国车联网产业全景图谱.2019.2.6

5G 移动边缘计算推动自动驾驶发展

在前面几章中我们介绍过移动边缘计算。移动边缘计算是指在靠近物或数据源头的网络边缘侧，融合网络、计算、存储、应用核心能力的开放平台，其应用程序在边缘侧发起，就近提供边缘智能服务，产生更快的网络服务响应，以满足行业数字化在敏捷联接、实时业务、数据优化、应用智能、安全与隐私保护等方面的关键需求。

同时，基于5G网络的移动边缘计算也将助力车联网的发展。它可以对部分数据快速、高效地进行分析与处理。有研究数据显示，一辆自动驾驶汽车每秒可产生高达1GB的数据量，这是由车辆上安装的各种传感器记录车辆运转状态产生的。传统的云端计算在后台运算完之后给终端发送指令。而很多应用都要在毫秒间完成实时响应，这就要利用移动边缘计算技术，在本地设备实现计算，而无须交由云端。这将提升信息处理效率，减轻云端负荷，降低传输负担。由于更加靠近用户，移动边缘计算可以为用户提供更快的响应，将海量数据在边缘端侧实时处理分析。

IDC统计的数据显示，到2020年，将有超过500亿个终端和设备联网，其中超过50%的数据需要在网络边缘侧完成分析、处理与存储工作，形成千亿级人民币的商业价值。根据Research and Markets发布的报告，我们得知，2017年至2026年之间，美国在移动边缘计算方面的支出将达到870亿美元；欧洲则预计投入1850亿美元。移动边缘计算的市场规模复合年均增长率高达35.2%[1]。

车联网正在改变人类的交通出行和交互通信方式，促使车辆向网络化、智能化方向发展。我们可以相信，5G技术与车联网技术相互融合，能够促进社会发生巨大的变化，使人类社会向更加方便、安全、快捷、高效的方向演进。

1　东兴证券.通信行业深度报告：十年涅槃，车联网千亿市场将开启.2018.8.14

第 8 章

5G 与云游戏的融合:

重塑掌上娱乐行业的发展形态

随着5G网络的加速落地，5G网络的高传输速率、超低时延将加速云游戏服务器的搭建，减少个人玩家在硬件设备方面的投入。在未来，游戏玩家只需要在云服务方面支付较低的软件费用，就可以畅快地体验游戏娱乐的紧张与刺激了[1]。

什么是云游戏

云游戏（见图8-1）是以云计算技术为基础的娱乐方式。在云游戏的运行模式下，所有游戏的系统都在服务器端运行，服务器将渲染完成的游戏画面压缩，然后通过网络快速传输给用户。游戏的内容全部上载到云端，用户的终端设备不再需要依赖较高性能的处理器，玩家需要准备的游戏设备只要具备基本的视频解压缩能力即可，极大地降低了设备的成本。云游戏就像是玩家在使用一台连接线特别长的计算机，这根连接线将计算机的显示器、鼠标和键盘与远在千里之外的计算机连接在一起。

1　中信建投证券.乘风5G，掘金文娱新大陆.2019.4.29

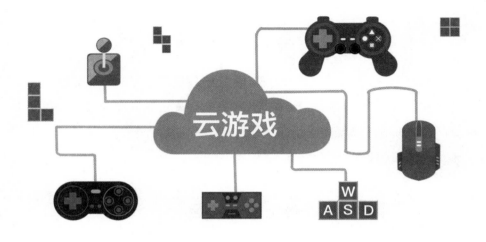

图 8-1 云游戏

云游戏会减少玩家对硬件设备的投入,而这也成为全球的重要趋势。有关研究报告显示,从全球游戏收入规模分类来看,2012年时,硬件及游戏收入占总收入比重为74%;截至2018年,硬件及游戏收入占比降低至56%;与此同时,游戏软件的收入占比由2012年的23%提升至2018年的35%。随着云游戏的兴起,预计游戏软件收入占比有望持续提升。

普通网络游戏与云游戏有何区别

如果只是简单地介绍云游戏的概念，可能你还是无法理解云游戏和现在大部分人玩的普通网络游戏有什么区别。我们可以从两个方面来看它们的本质区别。

从存储角度看，普通网络游戏需要玩家将游戏软件下载并安装、存储至本地硬盘。可能有小伙伴儿会说，网页游戏也不需要下载啊。但实际上，网页游戏在打开后会自动将游戏资源和运算逻辑加载到本地，然后才开始运行，只是省略了弹出安装提示这个步骤，我们感知不到；而云游戏则彻底不需要将游戏安装在本地设备上，它基于云计算技术，把游戏资源放到服务器上运行，再将渲染出来的视频画面通过网络实时传送到终端，这样极大地节省了用户的计算机存储空间和游戏运行时间[1]。

从硬件角度看，由于普通网络游戏在本地完成渲染和存储，所以，运行速度、画面效果取决于本地计算机的硬件配置；而云游戏的画面效果取决于网速、时延及云端存储能力，摆脱了游戏玩家的硬件性能对游戏效果的影响（见图8-2）。

1　东北证券.5G重构互联网传媒行业：大屏、云游戏和VR/AR.2019.7.2

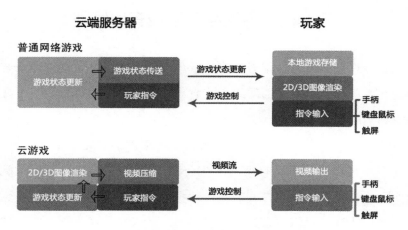

图 8-2 普通网络游戏与云游戏的区别

2019 年，随着 5G 网络的商用，云游戏行业发展的热度不断提升，国内外互联网企业纷纷布局云游戏行业。腾讯公司推出腾讯云游戏服务平台 CMatrix，并于 2019 年 9 月 4 日将品牌名改为 Game Matrix；阿里云发布了 GPU 云产品 vGN5i；谷歌公司推出了全新的云游戏平台 Stadia。这些平台能够帮助玩家真正实现随时随地玩任何游戏。另外，微软公司也宣布，在 2019 年开启 Project xCloud 的全球公开测试[1]。在 5G 网络的能力提升和软硬件设备的技术革新背景下，云游戏行业将迎来新的发展契机。

<hr />

1　中国云游戏产业发展: 5G 落地推动云游戏开辟行业新空间. 中国信息产业网.2019

云游戏的优势

1.降低硬件成本

大型游戏对计算机的CPU、GPU性能有非常高的要求。在最新的IGN百大游戏和PC Game两大榜单上，共30款游戏中，有15款游戏对计算机的CPU基本配置要求都在Corei5及以上，有12款游戏对计算机显卡的基本配置要求在NVIDIA GeForce GTX660及以上水平，有20款游戏对计算机内存的要求在6GB以上，有17款游戏需要占用10GB以上存储空间，其中有7款甚至要占用超过30GB的存储空间[1]。

基本配置只能满足游戏画质的一般需求，如果希望少延迟、不掉帧，则要配置级别更高的计算机。对于游戏玩家来说，对战过程激烈紧张，如果由于设备原因，显示画面比对方慢1秒钟，等玩家做出反应时，可能已经被击败了。因此，为了拥有更好的娱乐体验，大部分玩家需要购买配置相当高的PC，或者每次玩游戏都花钱在网吧计时消费。

而在云游戏的运行环境下，消费者不必再承担昂贵的PC设备或者其他智能终端所带来的花销。云游戏通过将渲染处理工作上移到云端进行，使得配置较低的终端设备也能运行画质较高的大型游戏。从而推动大型游戏的试玩门槛下降，未来将有更多玩家尝试此类游戏。

1　中国云游戏产业发展: 5G落地推动云游戏开辟行业新空间.中国信息产业网.2019

2.降低新游戏试错成本

现在，拥有两部手机的人越来越多。有的人还会同时再配备笔记本电脑、iPad，甚至专门的掌上游戏机。游戏玩家出于各种原因，有时候需要在不同的设备上进行游戏娱乐，比如一部手机没电了，需要使用笔记本电脑继续工作和娱乐。这时候，就非常需要资源连续的体验。

云游戏的运行环境能够使消费者在各种设备之间无缝共享游戏资源，无须耗时下载及安装游戏。在云平台上，玩家可以在Mac上玩到仅支持Windows系统的游戏，甚至还可以玩到主机游戏。Steam在2018年5月的硬件和软件调查中发现，Steam用户中有3.07%使用Mac，他们无法使用那些支持Windows系统的游戏。而且Mac用户群体相对来说占比小，很难受到游戏厂商重视。放宽终端设备的限制，也就意味着这些游戏的流行度将提高，会有更多的人购买这些游戏产品[1]。

在手机端，游戏数量繁多，制作精良。玩家下载并试玩一款新的游戏需要消耗一定的时间和金钱成本，推动玩家下载并试玩新游戏的难度较高。一些用户为了避免这种浪费，很少尝试玩新的游戏，这也影响了许多优秀新游戏的推广效果。

云平台可以使玩家打开界面立刻开始试玩，节约了游戏下载和安装的时间，而且不需要占用手机内存，大大降低了下载游戏的试错成

1　中国云游戏产业发展：5G落地推动云游戏开辟行业新空间.中国信息产业网.2019

本，会相应地提高玩家的潜在购买力。另外，云游戏可以消除游戏终端每次更新游戏的等待时间。我们会发现，即使是单机游戏，打开界面时仍要花费一些时间等待版本更新。而云游戏将数据保存在云端，玩家无须等待游戏下载、更新。

3.数据存储更加安全

当前，主流游戏厂商为了减少服务器的负担，会将一部分数据运算处理工作分散到各个玩家的客户端，这就给黑客使用游戏外挂来破解数据，进行参数修改，留下了较大的可能。游戏外挂类别繁多，主要有模拟键盘、模拟鼠标、修改数据包、修改本地内存外挂等方式。云游戏的数据不再存放于本地，网络只负责传输简单指令和游戏画面，玩家在游戏中使用游戏外挂作弊的可能性很小，游戏运营团队更容易保证竞技环境的安全性和公平性。

云游戏面临的两大瓶颈

虽然在5G网络的环境下，云游戏有着非常好的发展前景，但是，从目前云游戏行业的现状来看，云游戏在技术层面和内容层面仍然存在诸多不足。

1. 网络时延影响用户体验

云游戏的交互时延是影响游戏质量和用户体验的关键要素之一。用户对于不同类型的游戏有着不同的时延容忍值。对于RGP射击游戏来说，在游戏过程中，时延要低于100毫秒，否则将严重影响玩家操控的准确度。但是，在目前的网络环境中，要保证100毫秒以内的时延，难度较高。Verizon的数据显示，各个大洲在本洲内的互联网网络时延在10毫秒到130毫秒不等。根据亚马逊全球数据中心网络时延测试的数据，我们得知，大洲与大洲之间的网络时延普遍在100毫秒以上。

2. 内容创新成本与收益存在差距

除了时延等技术层面的问题以外，云游戏行业发展在内容方面也面临着较多的阻碍。当前，市场上云游戏内容的匮乏、游戏形式的雷同等问题，使得用户难以被某款游戏深度吸引，大部分的游戏用户黏性较弱。

本质上来讲，这是游戏公司运营模式出现了问题。相对于传统游戏而言，云游戏在正式上线之前，需要游戏制作公司完成大量前期准备工作，如技术适配、游戏版权购买、收入分成等，各个环节都一定程度地限制了云游戏内容的快速普及。

为了吸引玩家在云游戏平台长时间停留，增加使用黏性，部分云游戏公司会倾向于买断部分高质量游戏的代理权，获得游戏的独家权益。同时，为了能够让玩家可以在不同端口登录同一个游戏账号，且随时同步游戏进度，游戏公司需要改变过去的收费模式。过去可以在不同端口重复收取用户费用的方式将难以为继，付费订阅将成为游戏公司需要重点推广的营利措施。

然而，游戏设计团队则倾向于向多个云游戏公司提供自己的游戏产品，从而增加同一款游戏的利润，但是这与云游戏公司希望获得游戏独家权益的思路南辕北辙。因此，在游戏上云的初期，这种悖论也考验着云游戏公司的决心与耐性。

5G 开辟云游戏全新市场

既然云游戏在当前的环境中发展状况还有许多亟待解决的问题，那么在5G时代，网络性能的提升会给云游戏行业带来哪些变化呢？它能够加快云游戏的普及步伐吗？

1. 网络性能可以满足云游戏的需求

云游戏平台对网速和网络时延有着非常苛刻的要求。腾讯云2019年3月推出的云游戏平台CMatrix（现名Game Matrix）有20Mbps以下、20～50Mbps、50～100Mbps等多种网速分类。如果我们要传输一帧无损失画质的游戏画面，文件大小大约为6MB，以目前的网络平均每秒钟约3MB的速率来传输这些数据，大概需要2秒钟才能传输完毕。毫无疑问，这种传输速率是玩家完全不能接受的。

而5G的低时延、大带宽特点将会对云游戏的娱乐体验有着极强的改善效果。5G网络下，云游戏仅有10～20毫秒的时延，低于人类能够感知的范围，这种速度能够完全满足目前玩家的要求。同时，在相同画质下，云游戏对带宽的要求比观看视频更高，5G的网速是4G的10倍以上，5G大带宽的特性可以使得云游戏在时延短的同时保证高清画质，或者在同等画质下让显示速度更快、更流畅。

2. 移动网络可能部分替代Wi-Fi

目前，大部分游戏玩家为了保证游戏始终在线，会选择联接Wi-Fi，不到万不得已时，一般不会在移动网络下运行游戏。Wi-Fi网络使用的传输频段是2.4GHz。这个频段是公共频段，也就是说，大量设备都可以接入并使用这个频段，这就会给游戏带来较强的信号干扰。对游戏体验要求很高的游戏玩家是难以接受这种体验的。而推动用户更换硬件设备也是难上加难，因此，利用5G网络来替代玩家对Wi-Fi的需求，将成为解决云游戏发展瓶颈问题的重要途径之一。在5G网络环境下，移动网络的传输速率甚至超过Wi-Fi的传输速率。在未来几年，移动网络或将成为游戏玩家更常用的网络。

3. 移动边缘计算能够改善网速问题

移动边缘计算的基本思路是将云计算的一部分能力由"集中"的机房迁移到网络接入的边缘，从而创造出一个具备高性能、低时延与大带宽的电信级服务环境，加快网络中各项内容、服务及应用的反应速度，让消费者享有不间断的高质量网络体验。在5G时代，移动边缘计算可能会为云游戏行业解决更多实质性的问题。

云游戏技术的引入和现有的普通游戏并不是完全竞争关系，新技术会推动行业变革，解决玩家硬件设备配置不够先进导致的游戏体验较差的问题。云游戏在手机客户端就是手游的一种；云游戏在PC端可以让低配计算机也能够运行画质较高的游戏，推进游戏行业的发展。

所以，云游戏的出现可以帮助硬件设备配置较低的用户玩上大型游戏，从而帮助游戏公司扩展客户市场。

目前，大型游戏的主要用户还停留在PC端。在未来，低配置手机和笔记本使用者将会成为云游戏的潜在用户。GfK集团发布的报告显示，2017年至2018年，仍有50%左右的消费者选择购买2000元以下的手机。2018年上半年，仅有三分之一的消费者会关注游戏笔记本。约55%的消费者关注轻薄的便携笔记本和办公笔记本电脑。低配手机与低价计算机市场占比仍然较高。5G时代到来之后，网速得以显著提升，降低了大型游戏对硬件配置的要求，低配手机、低价计算机对大型游戏来说都不再是设备障碍，游戏行业的潜在用户规模将进一步扩大。

云游戏应用情况

2018年10月，谷歌公司宣布推出Stadia平台。基于这个平台，游戏玩家只需要购置一个游戏手柄，而不再需要购置其他硬件设备，用户甚至不用下载云游戏的平台，娱乐也不受终端设备的限制。

谷歌公司和YouTube进行合作，让玩家可以在观看游戏视频直播的过程中，直接加入当前直播玩家的游戏对战中。即便玩家中途更换设备，其游戏也能够自动存档，衔接流畅。打一个比方，就好比把大型主机游戏进行了"页游化"，变成了"高端的页游"。

微软公司发布了基于 Xbox 的云游戏服务 Project xCloud，这项服务允许 Xbox One 游戏在计算机、手机以及平板电脑上均可以运行，并在 2019 年进行了公测。

2019 年 3 月，腾讯公司开启了云游戏平台 Start 的内测邀请，向上海和广东两地的资深玩家开放预约体验[1]。以"让好玩触手可及"为愿景，借助腾讯云的海量基础资源，该平台希望给数量庞大的国内玩家群体提供更好的游戏体验。

面向企业用户，腾讯公司推出的 Game Matrix 云游戏平台，针对 Android 云游戏提供专业的技术解决方案，为第三方游戏企业提供云游戏平台技术，加速云游戏应用场景的落地。

此前，腾讯公司还联手英特尔公司推出了"腾讯即玩"云游戏平台。与国外云游戏厂商主攻大型端游不同，"腾讯即玩"主打云手游，填补了这一领域技术与市场的空白。

可以说，经过诸多厂商坚持不懈的努力，随着玩家进行游戏的场景逐渐多样化，加之 5G 网络性能的日益成熟，云游戏行业的发展正步入正轨，催生出游戏娱乐的新模式（见图 8-3）。

---

1 招商策略研究.5G时代手游正飞向云端.2019.7.19

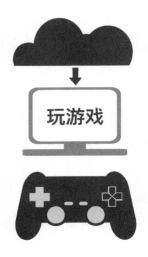

图 8-3 游戏娱乐的新模式

  云游戏行业存在巨大的潜在市场。经调研公司 IHS Markit 统计，2018年，消费者在云游戏软件上的支出达到 2.34 亿美元。到 2023 年，这类支出预计增至 15 亿美元[1]。科技巨头都在瞄准着这个庞大的市场。5G 时代即将全面到来，这为云游戏产业的快速发展吹响了号角。

  总体来看，云游戏是一个十分宏大的概念。5G 网络所具备的大带

---

1 5G 前夜：云游戏还要让玩家等多久 .21 世纪经济报道 .2019.4.19

宽和低时延的特性，将会为云游戏行业的发展提供茁壮生长的土壤。而先进的虚拟现实技术和丰富的体感回馈技术无疑将云游戏的实际体验提升至前所未有的高度。这将是对传统游戏的一种全面而彻底的革命。届时，游戏开发的方向也会因为技术的创新而发生巨大的变化。未来的游戏产品开发者，则需要更加关注如何从多个方面调动人体的感官体验，从而增加游戏的互动性和可玩性。

第 9 章

5G 与工业互联网的融合：

深度改革工业制造模式

从 2G、3G 的网络环境进入 4G 的网络环境，我们直观地感受到手机的形态发生了变化，手机的功能越来越多样，使用移动网络通信愈发便利，使用流量的掌上娱乐活动更加顺畅。移动通信技术的迭代令我们体会到了生活方式的改变。

因此，现在提到 5G，人们可以预想到它会给手机和通信形式的改变继续带来推动作用，在人们常用的互联网方面发挥它的价值。这样的思维方式其实是 4G 时代延续下来的惯性思维，也是由于我们对生活的改变感知更为明显。

事实上，5G 同样会在工业制造领域发挥重要作用，而工业技术与产业覆盖范围比个人用户市场更加广阔。5G 网络技术与众多垂直领域融合发展，会产生更加广泛的经济和社会效应。在工业互联网领域应用 5G 技术，会带来不容小觑的改变。

什么是工业互联网

有研究机构指出，工业互联网的本质是通过开放的、全球化的工业级网络平台把设备、生产线、工厂、供应商、产品和客户紧密地联接和融合起来，高效共享工业经济中的各种要素资源，从而通过自动化、智能化的生产方式降低成本、增加效率，帮助制造业延长产业链，推动制造业转型发展。

在5G网络环境下，工业生产可以实现资源优化、协同合作和服务延伸，从而提高资源利用效率。5G技术与工业互联网行业结合，可以满足工业智能化发展的需求，新一代信息通信技术与工业领域深度融合能够形成新的应用模式，并在此基础上开拓全新的工业生态体系[1]。

为什么 5G 与工业互联网的融合很重要

不知道你有没有发现一个现象，过去的衣服标签上大多写的是"Made in China"，而近几年，无论是国外的中高端品牌，还是国内的本土品牌，标签上的产地渐渐变成了越南、印度、菲律宾等国家。一

1　在工业互联网领域5G将构建全新生态.亿欧网.2019.5.6

方面，我们为我国的工业生产从低端代加工向高端自主创新转变感到欣喜；另一方面，国内外企业在选择代加工合作方时主要看的是人工成本，这也从一个侧面反映出，我们国家的工业生产人工成本在逐渐提高，已经超过了大部分东南亚国家的水平。

同时，在生活中我们也可能会注意到，保洁、美甲、快递、餐饮服务、月嫂、保姆等从业人员的工资并不低，甚至超过一些初入职场的大学毕业生的月工资。根据国家统计局公布的数据，我们看到，2018年，城镇私营单位就业人员的年平均工资约为5万元人民币，城镇非私营单位就业人员的年平均工资约为8万元人民币。比2017年同期分别增长了8.3%和11%。

从数据中我们可以切实地认定，中国的人工劳动力成本在逐年升高。而生产厂商对成本是非常敏感的。随着人口老龄化问题越发突显，在未来，人工成本只会升高，不会降低。作为工业制造厂商，不少中国的企业正在试图在机器人的应用方面寻找突破口，希望能够用机器代替人力。

在未来，机器将不再仅仅是机械化生产的工具，它们必须有智慧、能思考，甚至会说话、能交流。无人工业制造流水线、无人看管库房、无人分拣物流运输，这样的工作场景能够节约工业生产成本，减少人力劳动支出，解决人口老龄化问题。目前，许多大型企业正在尝试这样的做法，例如，京东公司研发的配送无人机，具有自动装载、自动起飞、自主巡航等一系列智能化功能；顺丰公司开发全自动拣选中心，由机器完成入库、分拣、装车的全部流程。但在4G网络覆盖的环境下，无人化工业生产还很难在更多企业中实现大范围普及。甚至处于一种万事俱备只欠东风的状态，就等着5G网络的商用，来助推无人化工业生产的普及进程。

4G时代，网络的速度提升仅是在无线互联网当中寻求速度的突破，是移动通信领域里的渐进式技术演变。而5G将消除物理世界与数字世界之间的界限，实现一个完全移动、互联的社会，达到新一轮工业革命的效果。我们也将5G誉为第四次工业革命的基石。

回顾历史，18世纪中期至19世纪中期，瓦特改良了蒸汽机，开创了以机器代替部分人工的工业浪潮，第一次工业革命开始了，这一时期的先进机器都是以蒸汽作为驱动力的。借助第一次工业革命在工业生产方式上的重大变革，英国提高了生产效率，由此一跃成为经济实力世界第一的工业国家。

19世纪70年代至20世纪初，得益于内燃机的发明和电的应用，电气在工业生产方面发挥重大作用，社会进入电气时代。在第二次工业革命期间，美国、德国、英国、日本等国家完成了工业化改革，拉大了东方和西方国家之间的实力差距。

20世纪60年代，开始了第三次工业革命，各个国家在计算机、人工材料、原子能、航天技术、遗传工程等多个高科技产业发力。美国、俄罗斯在太空探索、军备力量方面的较量巩固了两国的世界霸主地位。同时，中国在这一阶段奋起直追，在世界版图中占有重要一席。

在2010年7月，德国政府公布了《高技术战略2020》报告，开启了全球对第四次工业革命的探索。在这一阶段，移动通信、物联网、大数据占据技术核心地位，将推动机器人代替人工，使得无人工厂技术广泛应用（见图9-1）。

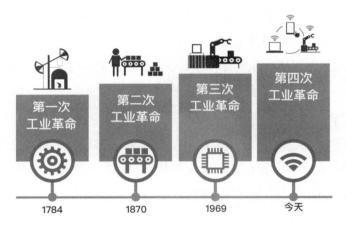

图9-1 四次工业革命

我们不难发现，每一次工业革命必然带来国家经济实力的颠覆性转变。只有抓住技术变革的机遇，利用最新的科技手段进行工业化生产方式的改革，才能够提升国家综合实力。这也是5G在工业互联网领域的融合力量必须被重视的原因，也是我们国家着重发展 5G 技术的根本出发点。

无线通信在智能制造领域面临哪些挑战

当前的无线通信环境有诸多问题，例如，现有的无线通信协议众多，各有不足，且相对封闭，设备之间难以互联互通，在设备上云的进程中受到制约。因此，工业领域急需构建新一代无线通信。

以前的工厂在通信方面主要有四种模式[1]。

（1）短距无线。如蓝牙、Zigbee 等，它们主要用于传感器采集和资产管理。但是，蓝牙仅支持短程组网，且联接设备数量有限；Zigbee 虽然支持大量设备组网，但是工作距离仅能维持 20 米左右。

（2）Wi-Fi。这种方式主要用于仓储移动扫码、手持终端等场景。但是，Wi-Fi 的覆盖范围有限，免授权频段干扰严重，安全风险较高。

（3）工业专用无线。如 WIA-PA/FA。这种方式的产业链较窄，部署成本高，不适合广泛应用。

（4）传统蜂窝无线。目前以 2G、3G 网络为主，主要用于工厂智能

1　中国移动.面向工业互联网的5G网络.2019.5.24

产品、大型设备、远程监控。但是，2G、3G网络的带宽较小，且不支持大量设备联接，也难以满足对响应实时性要求高的设备使用需求。

在智能制造自动化控制系统中，工业生产的应用场景对于网络时延的要求较为严格。尤其在那些对环境敏感的化学危险品生产环节，以及生产精度较高的高精尖科技产品制造环节，在这些生产过程中差之毫厘，谬以千里。

在智能制造闭环控制系统中，传感器需要将获取到的压力、温度等信息，通过极低时延的网络进行传输，最终，数据要传输到机械臂、电子阀门、加热器等执行器件，从而完成高精度的生产作业控制。

此外，工厂中的自动化控制系统和传感系统的工作范围很广，还有可能进行分布式部署。大型制造工厂的生产区域内可能有数以万计的传感器和执行器，它们需要通信网络的海量联接能力作为支撑，从而构成完整的生产体系[1]。

和传统的移动通信技术相比，5G网络将进一步提升工业制造厂商在智能制造方面的能力。在接入容量方面，5G网络的海量互联能力将给工业互联网智能化发展带来新的机遇。

1　5G技术，移动互联网和IoT的下一个风口.亿欧网.2019.5.14

应用场景与需求

随着新一代信息通信技术的不断发展，5G技术将与工业制造领域深度融合，无线网络技术将重塑工业生产格局。

在企业内网中，5G网络将成为工业有线网络有力的补充或替代[1]。比如，工业信息采集和控制场景要求网络拥有低功耗、广覆盖、多联接的性能，5G的海量物联网通信场景将成为这类生产厂商较好的技术选择；高可靠低时延通信场景在工业控制、工厂自动化、智能电网等方面，可以满足工业制造的高可靠、低时延的业务需求。

在企业外网中，SDN、NFV等5G新型网络技术，可以有力支撑工业互联网中的个性化定制、远程监控、远程运维、智能产品服务等新模式、新业态的发展。5G网络的多种切片（见图9-2）将支持多业务场景、多服务质量、多用户的隔离和保护[2]。

1　上海华东电信研究院.上海5G创新发展大会报告.2019.1.23
2　张庆云.广东东莞市应大力加速拥抱工业互联网.2019.2.25

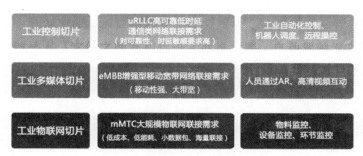

图9-2 5G网络在工业互联网中的作用

可见，5G网络是满足工业互联网生产需求的关键技术。5G网络可以从以下三个方面全面提升工厂的智能制造水平。

（1）机器换人，实现降本增效。工厂以自动化的"装备＋系统"来替代人工。机器设备的采购只需要一次性的资金投入，而人力劳动需要按月支付高额工资。从长远来看，以机械设备代替人工操作，能够摊薄生产成本。

（2）以移代固，助力柔性生产。过去，工厂的各个设备之间多以有形的总线连接，控制器发出开机指令，基本上所有生产线只能按照固有的生产模式生产固定的某一种产品。而当前社会中，消费者的需求变化多样，这就导致工业生产需要满足小批量、多样化的生产需求，也就是柔性生产。柔性生产相对于大规模生产而言，是指依靠高度柔性的以计算机数控机床为主的制造设备来实现多品种、小批量生产的方式。这种方式需要用无线网络进行分批的定制化机械控制。以5G网络代替有形的工业总线，无线方式有利于实现柔性生产。

（3）机电分离，设备快速迭代。5G网络可以将终端算法置于云端，使得机电分离，能够将电的部分放置于云端，这样可以降低成本，在迭代优化时更加方便。

5G具备更低的时延、更高的速率、更好的业务体验，有感知泛在、联接泛在、智能泛在的特点，有望成为未来工业互联网的网络基石。5G将会应用在以下工业互联网典型场景（见图9-3）。

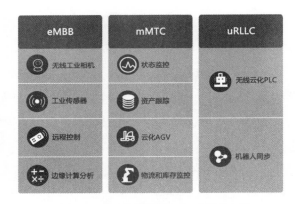

图9-3 工业互联网场景中5G典型的应用

1.通过AR技术操作工业机器人

在工业生产过程中，工人可使用基于5G网络环境的AR眼镜，通过网络与云端服务器进行通信，传输工业机器人操作手册及生产所需的信息，从而完成装配操控。机器人通过网络与云端服务器进行通信，反馈当前的生产状态，有助于机器人准确执行控制指令。在远端，工程师可以通过5G网络实时传送过来的AR影像，远程操作工业机器人，进行工业生产过程中的上下料、视觉智能检测与材料分拣等工序。在各种单调、重复性高、危险性强的工作环境中，采用AR技术来操作柔性协作工业机器人格外适合。

在这种工业生产的场景下，AR眼镜中显示的内容必须与AR设备中摄像头的运动轨迹同步，以避免产生视觉范围失步现象，造成控制偏差。通常情况下，考虑到屏幕刷新和云端数据处理所需的时间，则需要无线网络的双向传输时延在10毫秒内，才能满足实时操控的需求。而如此苛刻的时延要求在当前网络环境下无法实现[1]。

在智能工厂中，技术创新的不断迭代对技术产业工人的数字化操控能力将提出更高的要求。由于未来的智能工厂具有高度的灵活性和多功能性，这就需要工厂的操作人员掌握使用增强现实工具的能力。生产过程要将产品设计从平面搬到立体空间。设计师在设计阶段可通过AR技术将创意实时、立体地融合于现实场景中，可以即时查看预期

1　工业4.0研习社.5G对于智能制造有什么样的意义,2019

效果。同时，对于同一个产品的多个零部件设计，也可通过AR技术在设计阶段就来检验零件的相互匹配程度，无须实际打样。这可以使客户在设计阶段就对最终产品有直观的感受，便于在前期提早优化设计方案，降低企业重复打样的生产成本。

2.远程监控和维护生产运行情况

大型企业的生产通常需要跨工厂、跨地域的设备维护并远程排查问题。目前，常用的设备维护方式是由现场操作人员报告故障，厂家售后人员根据客户描述、图片、视频以及从设备收集的远程数据给出维修建议，或厂家指派专业技术人员到现场进行故障检修。随着设备集成度、复杂度越来越高，现场操作人员难以准确描述机器故障状态，使得目前的设备维修方式变得越来越难以开展。

在5G网络环境下，工程师可以在设备上加装多个5G传输模块，使得设备各个部件的运行情况能够实时回传给厂家。厂家的工程师通过设定的阈值，直接对设备的运行情况进行判断。系统可以对临近警界阈值的部件发出预警信息，告知现场操作人员及时进行维护，从而降低企业在设备检修上的成本[1]。

设想在未来有5G网络覆盖的一家智能工厂里，当设备某零件发生

1　中国信息通信研究院.绽放杯5G应用征集大赛白皮书.2018

故障时，故障可以被零时延地上报到工业机器人系统中心。随着人工智能技术的普及，工业机器人可以快速自主学习，在较少的人为干预下，全程完成生产线设备故障修复工作。另一种情况，工业机器人监测到故障时，判断该故障必须由人来进行修复操作，则主动向机器控制人员实时传送报修信息。

此时，人即使远在地球的另一端，也可通过VR眼镜和远程触觉感知设备，控制工厂内的工业机器人，令其到达故障现场。工程师在屏幕这一端进行模拟操作，在现场的工业机器人实时同步模拟人的动作，进行设备维修。

5G技术使得人类在操控工业机器人处理更复杂维修问题时也能游刃有余。远程操控缩短了人与人、人与设备之间的物理距离，在需要多人协作维修设备的情况下，各个专家甚至无须身处同处，如同远程"会诊"一样，通过各自的VR眼镜和远程触觉感知设备，共同"聚集"在故障现场。5G网络的大带宽能够满足VR眼镜中高清图像的海量数据交互要求。5G的极低时延使得远程触觉感知设备能够将人的动作无误差地传递给工厂机器人。同时，借助万物互联的生态体系，人和工业机器人、产品和原料全都被直接联接到各类相关的知识和经验数据库中。在诊断设备故障时，人和工业机器人可以参考海量的专业知识，提高问题定位的精准度[1]。

1　THINKTANK新智囊.5G时代，智能工厂迎来4大变化.2019.5.27

3.柔性制造与网络切片

用户的个性化、多样化需求已经成为当前市场的重要特征和发展趋势。国际生产工厂研究协会将柔性制造系统定义为：在最少人的干预下，能够生产任何范围的产品族的生产系统。这种系统的柔性通常受到系统设计时所考虑的产品族的限制。柔性生产时代的到来，使得工厂对相关技术的匹配能力提出了要求。

在工厂内部，柔性化生产模式对工业机器人配置的灵活性提出了更高的要求，同时，需要工厂提高业务差异化多样性处理能力。5G网络的部署可以有效减少机器与机器之间铺设有线电缆的成本。利用5G网络的无缝覆盖能力，人们可以不受物理区域的限制对机器进行任意移动，达到按需灵活配置设备的效果。设备可以在各种场景中进行不间断的工作，并完成不同工作内容的平滑切换[1]。

网络切片技术是5G技术范畴的重大创新，网络切片可以根据不同的业务需求进行定制化服务，按需灵活调整网络部署。在不同的垂直领域里，多样化的生产场景对网络服务质量的要求不尽相同。对于一些精度要求较高的工序，低时延是提升产品合格率和生产效率的关

1　5G技术下的智能制造.亿欧网.2019.2.24

键所在。这就要求无线网络能够提供低时延、高可靠的数据传输能力，从而令设备实时处理生产过程中的数据，并按照要求快速做出相应调整。

在智能工厂应用场景中，为满足工厂内的关键事务处理要求，5G网络可以创建关键事务切片，提供优先级和资源更充裕的网络资源。同时，对整个生态的其他资源进行相应的调整和适配，包括传输资源、云计算资源等。根据客户不同的需求，可以为客户提供共享的或者隔离的基础设施资源。除了关键事务切片以外，5G智能工厂还可以创建其他特定场景下的网络切片。在网络切片管理系统的调度下，不同切片可以共享同一基础设施，又各自独立，确保不同业务的独立性[1]。

另一方面，5G网络可以构建联接工厂内外的全程信息共享平台，使人和产品可以在任何时间、任何地点实现数据共享。生产环节甚至可以引入消费者的意见。消费者能够全程参与产品的定制化生产过程，通过5G网络，跨地域查看产品的设计和生产状态。

1　5G技术下的智能制造.亿欧网.2019.2.24

4. 工厂无线自动化控制

自动化控制是5G在制造产业中的重要应用领域。在规模化生产的工厂中，自动化控制的核心是闭环控制系统。在闭环控制系统的控制周期内，每个传感器会对设备数据进行连续测量，并将测量数据传输给控制器，从而设定执行器。

典型的闭环控制过程周期低至毫秒级别。例如，打印控制和机械臂动作控制的闭环控制周期分别需要低于3毫秒和5毫秒。因此，系统的通信低时延性能显得尤为重要，需要达到毫秒级甚至更低。如果生产过程中由于通信时延过高，或者控制信息在数据传送时发生错误，将有可能影响产品质量，甚至造成停机，会产生巨大的经济损失。

闭环控制系统的不同应用场景对传感器数量、时延要求、带宽要求各不相同，网络需要针对不同场景的需求进行有针对性的配置。5G网络切片可以提供极低时延、高可靠、海量联接的网络，能够满足闭环控制对网络的要求[1]。

1　东吴测试.5G与智能制造的碰撞.2019.5.10

具体案例

1. 青岛港实施全球第一个5G自动化码头改造试点

2019年初，青岛港码头成功完成了基于5G网络联接的自动岸桥吊车的控制操作，实现了通过无线网络抓取和运输集装箱作业。这是全球首个在实际生产环境中利用5G远程技术实现吊车操作的案例（见图9-4）[1]。

图9-4 自动岸桥吊车控制系统

---

1 全球首创！青岛港自动化码头实现5G远程吊车操作.齐鲁壹点.2019.2.1

同时，青岛港还成功实现了毫秒级时延的工业控制信号和高于三十路高清摄像头视频数据在5G网络的混合承载，支持实际生产中对自动岸桥吊车的无线控制和视频回传，性能表现稳定。这项改造试点使用了多项关键技术，实地验证了5G网络在智慧港口场景中的应用能力，对5G网络在智慧码头的部署可行性方案进行了全面的评估。

2.无人矿山技术在洛阳栾川钼矿落地

在2019年世界移动通信大会（上海）的展览上，5G无人矿山操控的展示成为全场焦点。操作人员能够通过移动5G网络，自如操控远在千里之外的洛阳栾川钼矿的挖掘机和矿车，进行露天矿区钻、铲、装、运全程无人作业（见图9-5）。把5G技术应用于矿山生产，通过5G环境下对无人采矿设备的运用，打造无人矿山生产环境，能够在有效节省成本的同时，大幅提升矿区安全生产的保障能力[1]。

---

1   赵强.河南元素亮相世界移动通信大会.河南商报.2019.6.28

图9-5 远程操作挖掘机

　　远程遥控挖掘机的尝试并非首次，早在2016年就有企业做过这类尝试，但是当时受到信号传输的限制，遥控操作效率较低。

　　而此次在2019年世界移动通信大会（上海）的展览上，远程挖掘机低时延操控的成功，与5G网络大带宽、低时延、高可靠的网络特性关系密切，5G网络保证了操控系统可以连续不断地提供高清视频信号，从而保证远程操作人员进行准确无误的操作。在未来，无人工程机械将能够深入更复杂、更危险的施工环境中，并逐步实现智能设备管理，完成设备寿命管理、人员安全管理，从而降低施工过程中产生的不必要的成本。

3.浙江杭汽轮集团实现5G三维扫描建模检测

浙江杭汽轮集团主要生产的叶片和汽缸是工业汽轮机的核心零部件，杭汽轮集团根据客户需求，"量体裁衣"制造外形结构复杂的零部件，生产精度要求极高。

过去，叶片的型面测量主要是通过三坐标测量仪进行。现在，工厂内部署了5G网络，终端产品需求与杭汽轮集团的生产应用场景进行对接，利用5G三维扫描建模检测系统，即可完成准确的测量工作。

在操作车间，工作人员使用一个精密的电子扫描设备，对一台汽缸的设备进行立体扫描。车间的另一边，一台计算机的屏幕上则显现了实体扫描的三维模型。通过与标准模型的比对，系统可以实时判断该产品的误差率是否在正常范围内。如果产品合格，屏幕将显示为绿色；如果不合格，屏幕则自动显示为红色（见图9-6）。

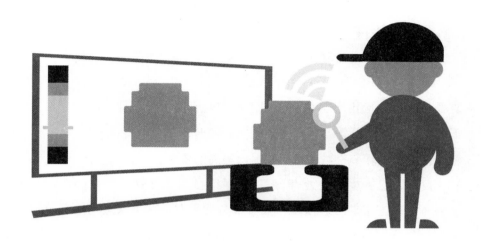

图9-6 三维扫描模型检测

通过这种操作系统，工作人员可以精确、快速地获取物体表面三维数据，并同步生成三维模型，通过5G网络实时将测量到的海量数据传输到云端，由云端服务器快速进行比对处理，确定实体三维模型是否和原始理论模型保持一致。该系统使得每个产品的检测时间从2～3天缩短到3～5分钟，大大提高了生产效率[1]。同时，工厂将产品抽检的规定变成了全部检测，保障了极高的出厂合格率。

1　5G带来哪些全新应用.钱江晚报.2019.4.28

5G 在工业互联网领域的未来发展趋势

随着工业生产环节对网络性能需求的提升，5G网络将作为一项重要技术普遍应用于工业互联网生产中，不断打通工业领域的"信息孤岛"，海量的设备产品将完成联网。同时，工业设计、研发、生产、管理、服务等环节将对网络环境提出更高的要求。

目前，已有少量企业开展了5G网络在工业互联网领域的应用探索，并顺应国家"制造强国"战略部署的号召，这类探索的实践范围将逐渐扩大。待5G技术成熟之时，工业互联网将普遍应用5G网络，从而解决企业内网和企业外网中存在的诸多问题。同时，工业互联网领域的企业将引入时间敏感型网络（TSN）技术等新型网络技术，来更好地满足生产发展需要，进而实现工业的网络化和智能化。

第 10 章

5G 与新闻传播的融合：

更加立体的信息资讯扑面而来

5G 给媒介带来的新变化

当前社会中，我们不难发现，在地铁里，几乎每个人都埋头于手机屏幕。甚至在走路时也一边看手机。本质上讲，是因为在当前的技术背景下，手机这个终端媒介能够为我们提供形式最为多样的内容。相比于目前市面上的智能手表、谷歌眼镜、智能音箱等设备，手机为人类带来的视听内容、娱乐应用、沟通方式、支付渠道，足够完成人们一整天所必须的活动行为。换句话说，上下班路上，可以只带一部手机出门。这在过去是无法想象的场景。

同样地，5G 将会给我们带来的改变可能也是当前的我们无法预测的。在未来，出门的时候也许连手机都不需要带，空着手就能随处"变"出一个属于你的媒介终端。5G 超低时延的特点意味着，网络请求的相应时间将远远低于用户的感知，这将对智能终端设备的形态、功能产生巨大影响。

1. 传播媒介多样化

5G 技术使得智能手机在移动设备中会是最不有趣的东西，因为任何东西都可能成为移动设备。英特尔公司 WiMax 营销总监朱莉·科珀诺尔（Julie Coppernoll）曾指出："当我们看智能手机时，我们会说这是移动设备，因为其他一切都被束缚了，但我认为这种情况会发生变化，不会再有所谓的移动，因为以后一切物品都将是移动的。"

我们不再需要手机拥有复杂的硬件基础，手机硬件较低的处理能力即可满足基础应用的功能，在各种场景下都会有更便利的网络接入口。户外骑行或运动场景下，人们将会使用功能更加丰富的智能眼镜；健康医疗方面，可穿戴设备及智能家居用品随时能够监测人类身体健康数据；家庭生活场景中，利用物联网技术，功能更加强大的智能音箱和智能家居产品将为我们的生活带来保姆级的关照；汽车的智能车机系统将具备现有智能手机的绝大部分功能，智能终端将不再是智能手机的代名词。

想象这样一个场景。早晨起床，你来到化妆台前，智能梳妆镜会与你的可穿戴设备及 AI 助理进行数据通信，在你刷牙时显示昨天的睡眠状况，预报今天的天气情况，告知你的重要约会，并为你推荐穿衣搭配方案，同时用 VR 技术展示服饰与妆容的模拟情况，供你参考。智能机器人会和你的冰箱、咖啡机、烤箱沟通，当你走出洗漱间时，咖啡刚好冲完。无人汽车会在精确到厘米的指定地点接你上车，并在车上继续播放你昨晚没看完的电影。跨国学术会议以远程视频直播的方式呈现，虚拟和沉浸的交互效果堪比身临其境。一天结束后，你可能才会拿起手机，看一下社交网络中朋友的最新动态。由此一来，手机回归了它最核心的价值——私密的个人社交。

5G网络带来万物皆终端的变革，使得我们可以随时随地利用各种设备作为互联网的接口，融入虚拟世界之中。除此之外，手机端本身的媒介形态也会发生变化。多维感知的物联网叠加强大的计算能力，使得未来的新闻、广告、娱乐信息可以根据每个人的需求和爱好进行精准推送，真正做到"千人千面"[1]。信息流从用户主动搜索，变为AI智能推送，用户的使用习惯会逐渐被培养为被动式接受信息的方式，这样一来，手机端的APP数量将大幅缩减，人们只会保留最常用的几款APP。

2. 信息流全程丰富化

5G时代，视频的呈现方式将从单向输出，变为双向互动。人眼的

1　宋美杰.万物皆媒，5G时代的媒介变革与创新.人民网.2019.4.25

视觉角度、周围的环境因素，这些信息能够反馈给智能终端，而终端可以自动根据这些信息改善视频呈现效果的细节。比如，根据人脸与终端之间的距离，视频中的场景智能化地进行前进、后退，或者进行景深的放大、缩小。再比如，终端检测到人的眼球向上转动，则视频场景自动上扬，这样一来，观众可以根据自身需求，获取场景中360°的信息。

视频点播系统将会与AI、大数据、人脸和语音识别技术结合，可以获取每个用户的视频浏览特征，仅推送用户可能喜欢的内容，而不会将全网内容全部推送。从而创造"轻页面、轻操作"的视频点播新模式。

5G网络环境下，传感器设备的数量将大幅增加，数据的收集量将呈指数级增长，数据颗粒度将更加精细化，从而大大扩展我们原本对媒介的定义。

2017年12月4日，在第四届世界互联网大会上，新华社发布了中国第一个专门为媒体机构打造的"大数据+人工智能"新闻生产与分发平台——"媒体大脑"。

2017年12月26日，新华社在第五届中国新兴媒体产业融合发展大会上发布了国内第一条机器人生产的视频新闻。

2018年世界杯期间，新华社短视频智能生产平台"媒体大脑·MAGIC"自动生成短视频37581条，平均每条视频新闻的生成过程仅耗时50.7秒钟，最快的一条新闻仅耗时6秒钟。

近年来，无人机在突发事件直播、灾难报道、纪录片制作中发挥着越来越重要的作用。5G技术全面普及后，物联网、云计算、可穿戴设备等新技术手段与新闻内容的生产过程将进一步融合，智能机器人制作新闻将成为新闻传播领域的新常态。

3.新闻现场参与感逐步增强

当前，信息呈指数级爆发增长。虽然我们每天都被各种信息包围着，但是却很难产生身临新闻现场的感觉。5G技术为新闻现场参与感提供了技术支持，下一代移动通信技术与移动设备、社交媒体、大数据、传感器和定位系统等具体场景进一步融合，可以将内容传播方式转变为场景传播方式。场景传播意味着媒体可以更加深层地拓展新闻报道的价值，从而打破目前一些传统媒体遇到的困境。

中国人民大学新闻学院新媒体研究所与腾讯"企鹅智库"对移动媒体用户进行过一次调查，报告显示，路上的闲暇时间、使用卫生间期间、刚睡醒或即将入睡时躺在床上的时间（见图10-1），成为移动媒体用户阅读新闻的重要场景。

图 10-1 躺在床上使用手机的场景

《人民日报》微信公众号根据这一用户习惯，推出了"夜读栏目"，该栏目具有极强的心理抚慰功能，贴合即将入睡时躺在床上的时间这一场景的用户需要，每天在晚间用户入睡前推送文章，获得了极好的传播效果。"夜读栏目"成为《人民日报》微信公众号"涨粉"的一大利器。

借助高速率、大容量、低时延的5G网络，媒体产品可以实现听觉、触觉、体感甚至嗅觉、味觉的综合虚拟感知，实现更加自然的人机交互体验，进而建构立体、真实、多维的新闻场景。

虚拟现实技术可以为新闻行业带来颠覆性技术变革，它可以使新闻传播内容突破现有的声音、画面、文字等2D呈现方式，为用户提供亲临新闻现场的3D呈现效果。同时，它可以突破屏幕物理空间尺寸的局限，实现用户对新闻现场的全景观看和深度感知。虚拟现实技术可以打破现有平台对传播入口的垄断，催生互联网的新入口[1]。

4. 新闻内容视频化进一步普及

视频产品，尤其是短视频，已经成为传媒业界角力的新领域，资本、人才快速涌入，相继出现了抖音、快手、微视等短视频应用平台。《2018中国网络视听发展报告》显示，截至2018年6月底，我国热门短视频应用用户规模达到5.94亿人，占整体网民的74.1%。其中，30岁以下的网民对短视频应用的使用率达到80%。短视频以信息密度高、收视成本低、传播速度快为主要特点，有效满足了用户高度碎片化的观看需求，使用户可以在极短的时间内获取最核心的信息。

短视频业务的兴起，说明受众从观看静态图片的审美，转向喜爱

---

1   周文韬.孙志男.5G背景下人民网等主流网络媒体融合转型的可能性分析.人民网.2019.1.13

动态影像的呈现方式。面对短视频业务的快速发展，优质内容生产能力仍是深耕短视频领域的核心优势。短视频的制作方式正在逐渐从个人娱乐行为向专业化生产转变。专业的内容生产团队、对内容的把控能力以及优质内容带来的极高的品牌美誉度显得格外重要。

5G 将会影响所有的移动互联网应用业务，使它们都朝着"视频流"的趋势发展，有的也会向虚拟现实等类型的"超视频化"方向发展。

5G 给新闻内容生产带来的影响

技术创新是社会关系发生变革的物质技术力量。新技术将引发生产方式的改变，不仅能削弱人的劳动强度，使人类从繁重的劳动中解放出来，还能提高劳动生产率，节约社会必要劳动时间。

新闻行业作为人才密集型行业，各个生产环节均依赖人力资源的大量投入。在 5G 背景下，人工智能技术可以实现新闻生产、生成、分发的智能化、自动化，减少人力资源投入，将人力资源重新配置于更具创造性的劳动环节中。

畅想一下，未来的新闻从业者也许不需要再去扛着沉重的设备上街采访，也不需要每天与时间赛跑，快速了解海量的新近发生事件，并从中去粗取精，绞尽脑汁想选题。未来，新闻工作者只需要将策划方案的数据填入数据库，第二天上班时，就能在邮箱中查收到由智能摄像头采集的相关高清视频，这些视频已经经过智能分类和初步剪辑。十余个贴近热点的选题自动生成。新闻从业者只需要从中挑选出与所在媒介平台最为契合的选题，并加入自己的创意进行升华修改。这样的工作模式，是否听起来更游刃有余呢？新闻从业者终于可以有机会摆脱"电视民工"的头衔了。

1. 新闻采集更加精准

在 5G 网络背景下，人工智能可以辅助记者完成对互联网海量数据的抓取、处理、分析工作，记者甚至可以通过数据洞悉事物的发展规律和趋势。目前，已经有媒体利用了这种先进的新闻生产方式，策划了引人深思的报道作品。例如，针对多年来世界多个国家和地区生育率不断下降的现象，英国《经济学人》杂志网站制作了名为 *The end of history and the last Woman* 的数据新闻，依照各国净生育率数据，预测出各国最后一个女性的出生时间。这条新闻引起社会民众对生育率下降问题的关注和反思。

2. 新闻生产更具时效性

5G 技术与人工智能技术的结合将大幅提高新闻生产的时效性，降低记者的工作量，同时降低新闻生产成本。新闻工作者们可以根据预先设定的数据模型，利用算法程序自动抓取新闻关键信息，自动生成新闻报道。目前，算法新闻已在体育新闻、财经新闻、灾害新闻中大范围应用，并获得了很好的效果。

例如，在奥运会的一些冷门项目中，媒体不必再专门派出记者进行报道，而将报道任务交给新闻算法机器人。这样一来，可以大大节省人力，还能提高数据的准确性和时效性。

2017 年 8 月 8 日，四川九寨沟发生 7.0 级地震。中国地震台网"地震信息播报机器人"用 25 秒钟生成了全球第一条关于此次地震的速报，包括地震参数、震中地形、历史地震和震中天气等十几项内容。同时，"地震信息播报机器人"几乎在同一时间内生成一篇 585 字的详细版报道，配以 5 张图片，极为快速地呈现了新闻的真实面貌，甚至为救灾工作的开展提供了信息。

3. 新闻分发更加高效

在新闻工作中，新闻分发是传播过程中的重要环节。有别于传统分发方式的"千人一面"。在5G时代，随着传感器等设备的升级，终端设备对用户反馈的捕捉可以深化至生理层面，如视觉停留时间等生理数据。基于这样的数据库，根据用户习惯来进行新闻分发的方式将使投放更加精准，算法分发的应用场景将更加多元。人们停留在屏幕上的注意力会越来越短，谁能够最为精准地推送用户最感兴趣的内容，谁才能在激烈的竞争中取胜。新闻媒介可以尝试"编辑把关"与"算法推荐"相结合的新闻分发方式，将目前的"平面呈现"方式改为"信息流"呈现方式；变"人找信息"为"信息找人"，从而大幅度提升用户在平台上的停留时间。

5G 给内容运营带来的影响

5G时代，传播媒介、传播主体、传播场景和内容受众均会发生深层次的变化，媒体的运营思维必须做出相应的调整。5G时代的传播，不应该是原有内容的简单迁移，而是应该树立垂直化、场景化、社交化的运营思维，提升新闻传播的价值。

1. 场景化成为新闻传播新常态

5G网络环境中，出行、医疗、支付、工作等具体场景均可以和移动内容传播进行深度融合。传播场景的阔大，意味着媒体创造的价值也得到了拓展。因此，媒体提升"适配场景"的能力是未来获得经营利润，保持行业占有率的重要转型方向。理解特定场景中的用户需求，并迅速推出与用户需求相适应的内容或服务，成为新闻媒介未来的发展重点。

2. 新闻社交属性进一步加强

对于媒体而言，移动化与社交化两者是密不可分的。移动化也意味着在内容产品中增加更多的社交元素，提高用户黏性，使社交成为内容的生产与传播动力。近年来，受众接触新闻的渠道向移动端社交平台转移的趋势日益明显，比如，从朋友圈、公众号、腾讯新闻小程序的推送中获取资讯，社交平台已经成为新闻阅读的主要入口。据美国在线新闻协会统计，2014年以前，只有20%的美国媒体拥有专职社交平台推广的工作人员，且这些媒体中，社交平台推广团队平均工作人员数为4名；2015年以来，70%的美国媒体组建了专门的社交平台推广团队，社交账号粉丝在10万人以上的媒体，平均社交平台推广团队的工作人员数超过10人[1]。

3. 虚拟现实提升体验与交互感

5G网络大带宽、低时延的特性将消除虚拟现实设备带来的视觉眩晕感。新闻媒体将借助近眼显示、感知交互、渲染处理等技术，为观众构建身临其境、虚实融合的沉浸式新闻内容。观众将与新闻记者、当事人一起"共享"整个新闻事件。未来，随着VR/AR技术的愈发成熟以及终端的日趋普及，VR/AR新闻将会作为一种常见的新闻形式，为广大受众提供具有高质量沉浸感和交互性的新闻内容。

具体案例

在2019年中央电视台春节联欢晚会的深圳分会场节目直播过程中，中国移动5G网络与5G CPE终端将现场超高清摄像机拍摄的画面通过5G基站直接回传至中央电视台的演播室，实现了4K超高清视频

1　余婷.陈实.美国媒体社交团队发展趋势.记者网.2016.4.28

信号的实时无线传输，这也是我国首次实现5G网络下的4K超高清视频传输。

2019年全国两会期间，中央电视台使用4K超高清摄像机、中兴5G手机、视频转换盒实现了"5G+4K"的移动直播。在未来，"5G+4K"的新闻直播模式将会更加广泛地运用于各类新闻报道过程中，为用户带来更为丰富的内容[1]。

---

1 5G推动传媒技术升级.科技前沿.2019.4.14

第 11 章

5G 时代面临的安全风险:

客观看待新技术的两面性

技术发展和安全保障是"硬币的两面",它们是相辅相成的、伴生存在的。5G技术有很多让人眼前一亮的应用场景,但是网络安全依然是5G技术需要面临的挑战。1G到4G移动通信网络以其强大的加密与认证措施,目前被认为是较为安全的商用网络环境。5G网络要面向万物互联,大量物联网设备接入,我们面临的安全问题会更加突出。

5G 技术面临的安全风险

新技术的大范围普及,必将引发整个技术生态链的重塑,包括基础设施、网络架构、底层数据库等方面,都需要配合做相应的改动。在这个过程中,难免会因为客观技术缺陷或主观人为因素产生一些安全漏洞。

2018年,Wipro发布了一份网络安全报告,列举了5G网络环境下安全方面主要面临的挑战。一是,在垂直行业场景维度,因为5G网络的引入,可能带来潜在的安全风险和新的安全要求。比如,5G应用于自动驾驶领域时,黑客可能对汽车网络进行攻击,对汽车驾驶操控产生干扰；5G应用于远程手术和医疗环境中时，因为设备是互联互通的，病人的个人数据有可能会被窃取。二是，云计算技术和虚拟现实技术引入行业应用中，在网络的开放性、可编排性方面，有可能产生潜在安全风险。三是，5G网络切片技术的引入，有可能带来跨域、跨层的安全风险。

爱立信公司在2017年发布了一篇有关5G安全的报告，其中分析了5G安全性的四个驱动因素，包括新服务交付模型、不断发展的威胁形势、对隐私的更多关注和新的信任模型。该报告认为，5G网络在安全方面需要从五个方面进行重新设计，包括身份管理、无线网络安全、灵活和可扩展的安全架构、节能安全、云安全[1]。

1. 人工智能带来的风险

在移动通信行业中，5G带来的安全风险是工程师们从未遇到过的大挑战。在4G网络环境下，移动通信网络的安全问题主要基于三种机制，包括基于用户身份的安全，即U(SIM)，还有运营商与用户的双向认证，还有分段的安全保护。

1　陈志刚.安全的5G才是数字经济未来的基石.飞象网.2019.5.15

这些安全问题都是基于机器由人来操作的假设。人是具有安全感知和处理能力的，因此，工程师设计系统时默认某些安全威胁能够被操作人员进行过滤筛选。而到了5G时代，联接到网络上的大部分是机器设备，有的工序甚至不会有人类的参与，而机器设备与人类相比，还不具有完全的认知筛选能力，这就为系统安全留下了隐患。

人工智能技术的引入，进一步加剧了5G时代下互联互通环境面临的安全风险。欧洲科学院院士王东明在C3峰会的演讲中指出："人工智能的安全威胁在于，基于通用知识的安全保障机制，以及基于专业知识的安全机制。它们使全局安全受制于局部安全，并且，会有更为先进的攻击手段出现。"

2.大规模物联网场景的安全风险

预计到2020年，联网设备将达到500亿台。联网终端包括电子标签、近距离无线通信终端、移动通信终端、摄像头等。与传统的无线网络相比，物联网设备更容易受到威胁和攻击[1]。

最近两年，已经出现了诸多物联网安全受到威胁的案例。例如，

1　5G场景和技术带来新安全威胁.数字文化企业网.2018.5.28

2016年Mirai恶意软件组成了僵尸网络，大量物联网设备感染，被恶意操控的千万计IP地址发出DNS解析，请求发起DDoS攻击。这场攻击大约产生了1.2Tbps的流量，是迄今为止规模最大的一次网络攻击。2017年，WannaCry2.0利用"永恒之蓝"漏洞，通过互联网对全球Windows操作系统的计算机进行攻击，恶意加密用户文件以勒索比特币[1]。

在终端设备越来越多的情况下，为了确保信息的准确性和有效性，我们需要引入安全管理机制。若每个设备的每条消息都需要进行单独认证，那么，网络侧安全信令的验证则会消耗大量的网络资源。在传统4G网络认证机制中，我们没有考虑到这种海量信息认证的问题。网络收到终端的信令请求一旦超过了网络各项信令资源的处理能力，则会触发信令风暴，导致网络服务出现问题。整个移动通信系统会因此出现故障，进而崩溃。

因此，在5G网络中，我们需要降低物联网设备在认证和身份管理方面的工序，加强物联网设备的低成本和高效率海量部署能力。针对计算能力低且电池寿命需求高的物联网设备，5G网络应该预设一些安全保护措施，例如，轻量级的安全算法、简单高效的安全协议等，来保证资源的高效利用。

1　5G的网络安全问题.通信人家园.2018.8.1

3.高可靠低时延场景的安全风险

针对车联网、远程实时医疗等对时延非常敏感的应用来说，行业本身对5G网络提出了更高的安全需求。在这些场景中，为避免车辆碰撞、手术误操作等事故，我们要求5G网络能在保证高可靠性的同时，保障时延较低。

传统的安全协议，如认证流程、加解密流程等，在设计时并未考虑过网络会应用在高可靠低时延的通信场景中，所以造成硬件与需求不匹配的情况。

这种情况可能会带来过去复杂的安全协议和算法无法满足当前超低时延传输需求的情况。同时，5G网络中，超密集部署技术的应用使得单个基站覆盖的范围越来越小。当车辆等终端快速移动时，网络将会非常频繁地进行切换。为了达到低时延的目标，网络需要在相关的功能单元和流程方面进行进一步的优化。

4.积极应对安全风险

在5G时代，一切有价值的、能够从联接环境中受益的东西，都将被联接到网络中。这也就意味着，我们在思考5G网络安全问题时，出发点应该是如何保护这些有价值的资产。思考的维度不能只局限于可能受到的技术攻击，同时，更应该提防社会工程攻击，并且预防蝴蝶效应式的安全大崩塌。

虽然5G网络环境会给我们带来前所未有的安全隐患，但是，我们要知道，所有新生事物都有它的两面性。我们不能因噎废食，对于5G，我们不必抱有恐惧。随着技术的不断完善，伴随人类经验的积累，这些安全问题都是可以通过规则、技术、法律、产业的协同得到保证。GSMA行业安全专家Jon France在C3安全峰会上表达了一个非常有价值的观点，他认为："5G需要遵循设计安全、部署安全、运营安全这几个原则，来开展网络安全保护实践。"因此，5G的安全问题并非无解[1]。

5G新业务、新架构、新技术、新应用场景的不断发展，给5G安全技术研究提出了新的挑战。不过，从另一个角度来考虑，传统的网络架构中也存在其特有的安全问题，5G新技术的到来，也可以为解决传统安全问题提供新的思路。

---

1   陈志刚.解局：安全的5G才是数字经济未来的基石.水煮通信.2019.5.14

5G 网络应用领域的安全需求

5G网络应用领域涉及多个应用领域，应用场景和范围不同，其安全需求也不尽相同。

1.智慧医疗的安全需求

智慧医疗系统主要通过网络切片技术建立端到端的逻辑专网，在患者和医院、医院和医院之间，实现远程医疗、医疗信息共享等多种定制化网络服务。通过应用这种技术，目前，行业内已成功实现了异地远程会诊、医疗数据快速传输和同步调阅等应用成果。

网络切片是5G网络的关键特征之一。一个网络切片可以构成一个端到端的逻辑网络。根据需求方提出的要求，切片可以提供一种或多种网络服务。而一个切片内的资源有可能被其他类型的网络切片中的网络节点非法访问，造成资源外泄。

例如，医疗切片网络中的病人，希望自己的信息只接入本切片网络中的医生，而不希望被其他切片网络中的人访问。因此，目前，智慧医疗的核心安全需求是亟须建立网络切片之间的有效隔离机制。

随着5G技术支撑下的医疗物联网建设不断完善，人们在探索保障切片安全隔离、切片安全管理、UE接入切片等安全和切片之间通信安全的方法时，会逐渐找到解决之道，这将有助于建立有效的切片隔离安全策略，保障医疗专网和相关网络、医疗设备中数据的安全，保障传输服务质量，确保医患敏感信息的安全保密。

2.智慧物流的安全需求

在5G网络中，业务和场景的多样性，以及网络的开放性，使用户隐私信息从封闭的平台转移到开放的平台上，接触状态从线下变成线上，信息泄露的风险也因此成倍增加。在5G网络技术应用场景下，智慧物流需要较高的用户隐私保护机制。

5G网络是一种超密集异构网络，使用多种接入技术。各种接入技术对隐私信息的保护程度有所不同。5G网络中的用户数据可能会在各种接入网络、不同厂商提供的网络中流动，从而导致用户隐私数据散落。某些第三方机构或个人可能利用数据挖掘技术从隐私数据中分析出用户隐私信息。因此，在5G网络中，我们必须全面考虑数据在各种接入技术以及不同运营商网络中面临的隐私暴露风险，并制定全周期的隐私保护策略[1]。

1　5G新型网络架构对网络安全提出了新的要求.搜狐网.2017.12.6

3. 车联网的安全需求

车联网主要依赖于 5G 通信网络中的低时延通信技术，通过海量车载传感器和计算视频影像技术，实时保障车与路、车与车、车与云端等有效通信，确保车辆及时接收和交换相关信息，完成智能驾驶行为决策，保障交通安全。信息传输低时延，保证数据真实性，这两点是车路协同系统的主要安全需求。

提升车辆设备实时数据采集的准确性和鲁棒性，加强车载产品之间的接口通用性和安全能力，重点提升身份认证和数据加密的有效性，将对预防不法分子篡改车辆行驶数据、加强用户隐私保护、提高车路协同系统自身安全起到积极作用。

目前，腾讯 5G 车路协同开源平台，基于 V2X 安全系统，通过路侧摄像头感知道路和车辆，并基于部署在移动边缘计算平台上的 AI 算法，减少或消除司机的驾驶盲区，从而提高驾驶安全性；同时，智慧出行系统会提醒驾驶员及时驶离时间限制区域，避免违章行驶，从而保障道路资源的安全高效分配。

4. 工业控制的安全需求

未来，工业控制必将成为 5G 网络应用的重要领域。这种应用重点体现在对原有工程控制系统中嵌入式操作系统的5G接口改造上。随之而来的是改造后的5G接口面临的一些安全问题，包括通信速率匹配的安全可靠、通信数据格式匹配的安全可靠、数据传输交换信息的安全可靠。还包括由5G网络带来的整个工程控制系统的拓扑结构安全和信息系统安全问题。同时，工业控制数据传输、转换、存储、分析以及大数据应用安全也至关重要。另外，工业控制网络系统中，5G网络切片的安全隔离功能同样在信息保护方面担当重任。工业控制的防毁、防破坏、防灾害等应急措施也将随5G网络的应用提高到一个新的等级。

5. 智能电网的安全需求

电信运营商网络作为用户接入网络的主要通道，大量的个人隐私信息，包括人的身份、位置、健康等资料，包含在传输的数据和信令中。为了满足不同业务对网络性能的不同需求，运营商需要为用户定制网络切片服务。业务范围可能涉及用户的隐私。因此，为了保护用户隐私，5G网络需要提供比传统网络更加广泛且严密的保护方案[1]。

智能电网的安全需求，核心是电网的监控系统的安全，其中包括

1　李侠宇.5G网络安全需求分析.中国信息通信研究院.2016.12.14

该系统的技术安全、信息安全、结构安全和应用安全。5G 网络的应用将极大拓展智能电网的监控终端数量和应用服务类型，除原有智能电网所固有的安全需求外，还包括因网络升级而带来的数据通信的安全需求。

因此，面对多种应用场景和业务需求，5G 网络需要一个统一的、灵活的、可伸缩的 5G 网络安全架构来满足不同应用的、不同安全级别的安全需求。也就是说，5G 网络需要一个统一的认证框架，用以支持多种应用场景的网络接入认证。这就要求工程师们要研制各种数据类型的转换兼容及容错算法，开发保障通信和数据可信、可用、保密的算法，并设计基于大型电网的分布式、冗余式无缝切换、无缝联接的通信算法。同时，基于固件的主动可控、被动可查的工作节点通信的仿真算法也至关重要。另外，系统还应该考虑到，电网出现异常情况下，如何保障电力供应，提出保障智能电网监控系统的应急措施[1]。

另外，5G 网络应支持按需的用户面数据保护。比如，根据三大业务场景的不同特点，或根据具体业务的安全需求，部署相应的安全保护机制。

未来，5G 网络将在更加多样化的场景下，以多种接入方式，在新

1　5G 应用安全风险及需求展望 . 中国信息安全杂志 .2019.7

型网络架构的基础上，提供全面的安全保障。除了要满足各种应用场景的基本通信安全外，5G网络的安全机制还应该能够为不同业务场景提供具有差异化的安全保障服务，从而适应多种网络接入方式及新型网络架构，保护用户隐私，并提供开放的安全能力[1]。可以预见，安全是5G技术发展的基石。而5G技术是数字经济社会的基石。因此，在未来，网络安全的重要性将越来越被重视。

1　李侠宇.5G比拼的不只是快，安全机制亟须明确.飞象网.2016.12.16

第 12 章

5G时代新的职业发展方向：

再不学点5G知识就要失业了

新技术的出现，会促使职业劳动模式的转变，甚至催生出更多新型的职业。那么，未来当 5G 技术成熟以后，哪些类型的职业会受到冲击呢？有哪些职业会成为潜在的发展风口呢？

职业模式的转变

1. 劳动力迭代升级

每一次技术革命都会带来一些新的职业，同时也有一些旧的职业随之消失。

比如，汽车的出现，在汽车制造产业链创造了大量的就业岗位，有一定动手能力的工人，在工厂里可以进行一些重复性的劳动。但是马车行业慢慢衰落，马车夫这样的职业就被淘汰了。

5G 时代，会带来人工智能和工业自动化的全面升级，比如智能家居、远程操控等；同时，也会对生产活动中劳动力的需求大大减少。

所以，我们这几年也经常看到，劳动密集型的工厂、企业，开始大量将机器人引入生产线。因此，以重复性劳动为主的产业工人，有可能会逐渐被机器替代。就像他们当年代替马车夫这样的人群一样。

另外，高危产业的工作方式也有可能进一步升级。比如，煤炭工人在矿山里钻探、救援队伍在废墟中勘探、建筑工人使用挖掘机等，这些工作既辛苦又危险。随着5G网络的完善，这些产业的从业者有可能像公司白领一样，每天去写字楼里工作，来远程操作这些机器。

在2019年6月28日召开的世界移动通信大会（上海）展览上，电信运营商就利用5G网络，通过挖掘机驾驶系统远程控制挖掘机进行作业，包括挖掘机的前后行走、旋转运动、大臂小臂挖斗配合挖掘及装车等动作。

把5G技术应用在建筑施工和矿山生产场景，让工程师进行远程采矿设备操作，可以打造无人矿山。在有效节省成本的同时，大幅提升矿区安全生产的保障能力。此外，无人矿山条件下，矿区生产车辆的行驶速度可以提高到每小时35千米，工作效率将显著提升[1]。

可以预见，随着5G技术大规模商用，远程操控项目还将应用于更多诸如抢险救灾、泥石流清理、核泄漏排查、深海探险等各类危险作业场景。现在需要人进行现场操作的工作，都可以改为远程控制。

1　国内首个5G无人采矿技术成果落地河南.河南百度.2019.6.28

2.定制教育和高质量娱乐

长久以来，我们认为教育和娱乐是相对立的。比如，一个认真学习的孩子，和一个沉迷于游戏的孩子，经常成为家长互相比较的典型。不可否认的是，教育和娱乐各自有其特点。

目前，我国普遍采用的教育模式，从孩子的授受程度来考量，方式仍有待提高。虽然我们已经开始尝试进行素质化教育，但就中国目前的教育状况来看，还很难摒弃标准化、统一化的教育方式。比如，从小学到高中，甚至到大学，同一个年级、同一个专业的教材是高度统一的，学校进行大班授课，难以实现个人教育定制化。根据每个学生的兴趣和特长来进行有针对性的培养还无法做到。传统的教育方式似乎渐渐无法满足孩子追求个性的天性以及家长望子成龙的期待。需要一种更加顺应时代需求的教育方式来补足传统教育的缺陷。

另一方面，过去被认为是纯娱乐的短视频，发展到今天有了一些变化。我们发现它也许不仅仅是一种消磨时间的娱乐方式，有的节目带有一些教育意义。根据《2019年中国网络视听发展研究报告》的统计数据，我们发现，在六大类短视频中，科普类短视频（见图12-1）的粉丝数、播放量以及点赞量都是最高的。

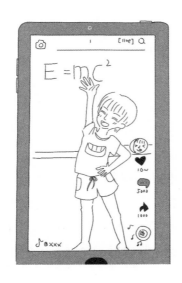

图12-1 科普类短视频

　　这其实从侧面反映出一个问题，那就是，娱乐形式本身是可以蕴含教育内容的，教育和娱乐能够找到一个很好的结合点。但是还有一个事实我们没法回避，娱乐化的传播方式比较碎片化，不能成体系地传递知识。

　　根据中金公司的研究分析，5G时代会有大量的劳动力向内容生产行业和服务行业转移。一方面，大数据、云计算会推动定制化的服务和产品的丰富，从而有可能解决教育内容缺乏定制化和娱乐内容缺乏系统化这两方面的弊病。同时，VR/AR会为娱乐化教育形式提供更好的身临其境的全新体验，那么，教育和娱乐有可能不再背离，而是逐渐融会贯通。教育娱乐化、娱乐教育化，或许能够成为可能，这个领域就会出现新的机会和窗口。比如，VR内容制作师、定制化教育分析师等具有娱乐和教育双重特点的职业将会出现，并且非常被市场需要。

3.老龄化问题的突破口

各个国家都面临着人口老龄化的问题。有媒体报道，日本加快发展5G，很大程度上是希望在自动驾驶和远程医疗上发力，让机器代替人工，这样可以缓解一部分社会老龄化问题。

那么，随着5G时代的到来，大规模物联网设备接入网络，万物互联会带来更多数据。

比如，个人穿戴设备通过记录大家每天的活动数据，可以帮助政府建立医疗大数据库。未来，人们在家里的卫生间小便，就可以实时得到智能马桶做的尿常规检测结果，并通过5G网络将相关结果传输到终端。同时，系统会关联饮食、健身、医疗等多个环节，通过智能家居设备给予人指导和帮助（见图12-2）。

图 12-2 智能马桶的尿常规检测

　　这将对医生、营养师、健身教练等职业的工作方式产生突破性的变革。如果你是一名医生，在 5G 时代，你的个人办公室也许会标配有虚拟屏幕、话筒、机械臂等，患者在家就可以接受你的在线诊疗，你本人不需要走进手术室，利用机械臂就完成了远程手术。如果你是一名营养师，每天在计算机上查看各个用户的实时健康数据将成为你的工作常态，你把饮食意见反馈给每个用户的冰箱、电饭煲，通过智能家居系统为他们提供健康饮食指导。如果你是一名健身教练，也许你以后不用再挤地铁去健身房给会员授课了，你只需要投射一个AR虚像，会员就能看到如真人一般的360°动作演示，并利用移动终端来控制会员健身器械上的重量和力度，在家里就完成健身指导。

这样一来，有能力的从业者将省去大量不必要的通勤时间浪费，从而为更多的用户提供优质服务，来弥补老龄化带来的劳动力缺失。

4. 管理更加高效

我们会发现，技术的进步也会推动社会的全面升级。比如，大量物联网设备、传感器设备的应用，以及高清视频的应用，有可能让社会的犯罪率、意外伤害事故率降低，让城市管理效率得到提升。那么，在政府里工作的公务人员将会从日常琐碎的管理职能，向更高维度的政策制定与高效执行方面进行聚焦。

例如，有时候我们会看到马路上有不惧风吹日晒疏导交通的交警，也有不辞辛苦开着洒水车路过每条街的环卫工人。也许，这些场景在未来几年只会出现在我们的记忆中。疏导交通将由智能红绿灯完成，洒水车将由无人驾驶汽车完成作业。而工作人员只需要在计算机前监控数据，并做出相应的指令。因此，未来的公务人员，将逐步减少重复性的工作。

未来的职业是什么样子

医疗行业

未来的工作方式: 远程医疗、虚拟会诊

未来必备的工作设备: VR 眼镜、机械臂

5G 带来的机遇: 优质医疗资源的均衡分配

5G 带来的挑战: 医生长期处于虚拟视觉影像环境中，视力下降，对虚拟和现实世界的界线产生幻觉

亟须提升的技能: 控制机器人的能力、使用计算机的能力、在线读取影像资料和检查报告数据的分析能力

教育行业

未来的工作方式: 在线教育、双师教学

未来必备的工作设备: 高清摄像头、4K/8K 屏幕

5G 带来的机遇: 优质教育资源的均衡分配、教育形式多样化和娱乐化

5G 带来的挑战: 各个学科的教师都需要具备较高的科技手段应用能力

亟须提升的技能: 使用计算机和虚拟设备的能力、与现场教师相互配合的能力

金融行业

未来的工作方式: 私人理财规划、远程在线指导

未来必备的工作设备: 轻便的5G 终端

5G 带来的机遇: 可以在家办公、减少重复性的简单劳动

5G 带来的挑战: 行业不再需要柜台业务操作人员，大部分工作由机器完成，而人只负责为客户规划专属的个性化理财方案

亟须提升的技能: 金融工程学的知识、数据分析的能力、理财规划的能力

工业生产行业

未来的工作方式：无人厂房、智能工厂

未来必备的工作设备：高清摄像头、智能检测设备、计算机、智能机器人、柔性生产线

5G带来的机遇：生产企业可以减少人工成本，降低人工操作带来的误差率

5G带来的挑战：流水线上不再需要重复劳动的工人，大量工人面临失业，在工厂工作的工程师需要具备全面的计算机、机械操控知识

亟须提升的技能：计算机操作能力、编程的技能、机械操控的知识、数据分析的能力

新闻行业

未来的工作方式：智能新闻中心筛选资源

未来必备的工作设备：计算机、便携式影像设备和非线性编辑工具

5G带来的机遇：减轻新闻工作者的体力劳动强度

5G带来的挑战：各媒体的资源可能趋于同质化，要做出差异则需要新闻工作者更大的智慧，部分工作可能会被智能新闻机器人代替

亟须提升的技能：数据分析能力、创新创造能力

出行服务行业

未来的工作方式：把开车的任务交给汽车

未来必备的工作设备：智能汽车

5G带来的机遇：不需要再考驾照

5G带来的挑战：无人驾驶的汽车使得出租车司机、代驾等工种消失

亟须提升的技能：转向其他行业的其他知识技能

第 13 章

你可能关心的几个问题:

Q&A 解开你的疑惑

Q1： 什么时候是买5G手机的最佳时机？

A：

5G手机是个人用户能够切身体验5G网络最直观的手段。目前，已经有华为、三星、小米、中兴、OPPO、一加等手机厂商发布了5G手机。一时间，5G手机快速进入大家的视野当中。2019年6月25日，华为的5G双模手机Mate 20X还获得了国内首张5G终端电信设备进网许可证。

而且，目前5G手机的价格也比大家预想的便宜，比如，小米在2019年2月份发布的首款5G手机售价不到5000元人民币。中国移动预计，到2020年年底，5G手机的价格将向中低端下探，部分机型的价格可能会降至1000元到2000元左右。如此亲民的价格，实在是让人眼前一亮。

虽然各大厂商都在不遗余力地推广5G手机，但是需要大家注意的是，目前的5G手机还有非常多的功能缺陷，功耗高、发热高是主要问题。

5G 手机提供了更快的下载和上传速度，与之相应地，从芯片、射频模块到各种相关元器件，其功耗都会非常明显地上升。造成手机待机时间不够理想。

一旦传输速率倍增，发热量的上升现象几乎是必然发生的。目前，手机行业普遍公认的温度临界值是 40 摄氏度。一旦手机温度达到这个水平，主板就会主动降低频率，网络速率就会降低，从而造成 5G 手机在使用过程中，不能真正达到 5G 网络的使用效果，视频出现卡顿等情况就会发生（见图 13-1）。

图 13-1 目前 5G 手机存在功耗高、发热高问题

而且，功耗高、发热高两个问题也是相互伴生的。当手机芯片和元器件遇到功耗快速攀升的状况时，手机温度也会瞬间升高。当下一个功耗高峰来临时，手机温度还没来得及下降，一波又一波功耗高峰会迅速推高手机温度[1]。

假设你用5G手机在线观看一部4K或者8K的高清电影，那么，你的手机恐怕会像暖手炉一样发热，而且电量会很快消耗殆尽。换句话说，目前各大手机厂商推出的第一批5G手机由于功耗大，将会导致手机待机时间短，手机也更容易发热。所以大家可以暂时先等一段时间，给终端技术的发展留一点时间，等功耗和发热的问题进一步得到解决，且价格相对亲民之后，再购买5G手机。

Q2：5G网络什么时候能够建好？

A：

随着5G商用牌照的发放，电信运营商都加快了5G网络的建设步伐。预计到2019年年底，全国会有超过50个城市将5G网络建设完毕，并且能够提供5G网络服务。比如，中国移动预计今年要在全国

1　5G硬核四问：网络何时建好？无缝覆盖吗？手机何时能买？应用何时能爆．IT时报．2019.6.28

范围内建设超过 5 万个 5G 基站；中国联通预计今年将在 40 个城市实现 5G 热点区域覆盖；中国电信仅在上海今年就要建设超过 3000 个 5G 基站。可以说，电信运营商已经快马加鞭地进行网络建设了，预计全年三家电信运营商建设的 5G 基站将在 10 万个左右。

具体的 5G 网络建设城市名单，大家可以在网上找到。一线城市、省会城市基本都覆盖到了。

虽然电信运营商在加快 5G 基础设施建设步伐，但是预计 2020 年，5G 才能进入大规模商用期，到时候会有数百个城市开放 5G 网络服务。大规模商用预计要在 2021 到 2027 年才能达到爆发期，届时，5G 网络建设将聚焦城市和县城以及发达乡镇，整个中国的 5G 网络将有数百万量级的宏基站和千万级小基站。

当然，5G 网络建得好，不如用得好。再好的网络，也需要有良好的生态以及丰富的应用进行配合，才能发挥其作用。

Q3：基站有辐射吗？

A：

最近关于基站辐射的问题，大家都在密切关注。甚至欧洲还出现了一个"Stop 5G"的组织编造了一系列耸人听闻的"5G 辐射"谣言，比如，称几百只鸟儿在荷兰的一座5G铁塔附近神秘死亡，并利用互联网广泛传播，引起了人们对5G的恐慌。

首先，需要弄清楚一件事，所谓的辐射是电离辐射还是非电离辐射？这个是问题的关键（见图13-2）。

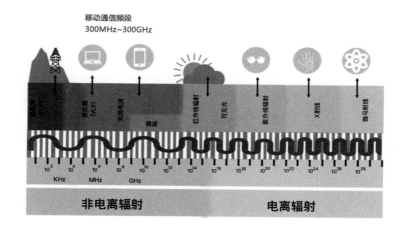

图 13-2 非电离辐射和电离辐射

通俗来讲，辐射是能量在空中的传递，一般按照其能量的高低以及电离物质的能力分为电离辐射和非电离辐射。

传播能力较小的非电离辐射有阳光、红外线、微波炉用的微波、收音机的电磁波，还有手机辐射。目前，还没有确凿的证据可以证明，非电离辐射会提高致病的概率。

电离辐射是指传播能量较高的辐射，比如X光、紫外线、宇宙射线、核辐射。这类辐射所含的能量可以损坏DNA分子结构，会对人体健康产生较大损害。

移动通信采用的频段范围是300MHz至300GHz，目前5G频段范围为450MHz至53GHz，其频率和光子能量都远远低于红外线、可见光和紫外线，属于非电离辐射，目前来看不会对人体健康造成伤害。

现在，无论是在家里还是在办公室，使用Wi-Fi是一件再正常不过的事情，甚至到餐馆吃饭第一件事就是询问Wi-Fi密码。5G的频段接近甚至还低于Wi-Fi频段。同时，经过专业人士的测试，实际上5G的电磁辐射和3G、4G和Wi-Fi是非常相近的，所以大家更不用担心5G的辐射问题。

另外，关于移动基站的辐射问题，国际非电离辐射防护委员会ICNIRP很早就对5G基站做出了规定，对于5G Cband基站电磁辐射的限值是$10W/m^2$。大部分国家都遵从这个标准，而中国的标准是最为严格的，基站电磁辐射限值仅为$0.47W/m^2$，是国际非电离辐射防护委员会ICNIRP规定的1/20。

事实上，我们生活的周围很多电器都有会产生非电离辐射，比如，手机在待机状态下的辐射为$0.2\,W/m^2$。吹风机的辐射为$1\,W/m^2$。微波炉的辐射可以达到 $3W/m^2$。很明显，这些我们日常生活中经常接触的家用电器辐射都比基站要高很多。可见，我们不必担心 5G 基站带来的辐射危险[1]。

所以，对于基站辐射，大家不要被误导。

Q4：中国广电获得 5G 牌照将会带来哪些变化？

A：

此次发放 5G 牌照，和过去 3G、4G 发放牌照有一个非常大的不同，中国广电获得了 5G 商用牌照。有人形容说，这是三匹"白马"加一匹"黑马"。

事实上，中国广电获得 5G 商用牌照，对于后续 5G 技术的落地应用将带来更多积极影响。

中国广电拥有 700MHz 频段资源。目前，工业和信息化部分配给三大电信运营商的频段资源主要集中在 3GHz 到 4GHz。频段越高，信号衰减越大、穿透力越弱，建设 5G 网络的成本就越高。因此，拥有 700MHz 优质低频段资源的中国广电获得 5G 商用牌照，将进一步促进

1　智商税悟局 .5G 辐射强？吹风机表示不服 .2019.7.4

频段资源的整合与充分利用，进一步扩大5G能够使用的频段范围，为后续5G商用奠定坚实基础。截止到2018年，全国有线电视用户数达到2.23亿人，中国广电在广播电视领域的用户资源将会得到进一步优化整合，为我国5G发展注入新的活力。

其次，我国在5G频段分配上，可以与世界同步。有媒体统计显示，全球主要国家都将700MHz频段资源分配给5G进行使用。美国（70MHz）、日本（120MHz）、法国（110MHz）、德国（60MHz）、新加坡（90MHz）、俄罗斯（60MHz）、韩国（40MHz）、英国（60MHz）已经把该频段用于5G网络发展[1]。我国在5G频段上与全球5G发展的主流趋势保持一致，将对产业发展产生巨大加速作用，同时也会进一步降低网络建设的成本和周期。

最后，中国广电的加入会使5G应用场景将更加丰富。中国广电在视频内容方面具有天然优势，而视频业务也被很多专家认为是5G主要的应用方向和发展领域。结合5G大带宽的特性，相信在5G时代，内容丰富多样的视频，以及有价值的应用场景将层出不穷。

1　陈志刚.八大维度深度解读5G商用: 趋势、挑战、发展与未来展望.2019.6.9

Q5：5G技术是某个公司独有的吗？

A：

在5G技术方面，我国处于业内领先地位。但是中国在5G方面的领先不是一蹴而就的。中国在发展3G时，提出了自己的TD-SCDMA标准，但发达国家都因为抵制而不生产相关设备，促使中国从芯片、终端、基站、仪表乃至软件自己打磨，从而为5G移动通信产业链的建立打下了基础。3G时代的积累，证明了中国不仅可以提出技术创新的方案，而且也最终能够将之付诸实践，这极大地鼓舞了工程师们创新的士气，相应地也为5G的技术积累、产业培育打下了坚实的基础[1]。

同时，需要大家了解的是，5G的技术创新并不是某一家企业独有的，而是全球各地不同国家、不同企业的研究人员共同努力的结果。比如，华为在5G方面的成就，就离不开一位土耳其科学家的贡献。

1958年，埃达尔·阿勒坎（Erdal Arikan）出生在土耳其。阿勒坎在2008年发表了主要用于5G通信编码的极化码技术方案。华为有很多科学家，研究能力一流，他们评估了阿勒坎的论文，意识到这篇论文至关重要。极化码已经到达了5G编码的最优极限。所以，工程师们

1　邬贺铨.如何领跑5G时代.人民邮电报.2019.6.5

看好极化码的未来，是因为它极富理论优势[1]。于是，华为与阿勒坎取得了联系，在这项技术的基础上申请了一批 5G 技术相关专利。

华为主推的极化码主要用于 5G 的控制信道编码。控制信道是用来传输指令和同步数据的关键技术。华为的 5G 极化码方案争取到了 5G 控制信道的"管制权"。

但是，我们也得清醒地认识到，5G 技术的比拼刚刚开始，领先也仅仅是一场长跑竞赛的开端而已，最重要的是谁能坚持到最后。一个国家科技的崛起，除了为本国用户提供更好的服务之外，更重要的衡量标准是为世界做出巨大的贡献。这种使命感和责任感，才是未来引领者的真正格局[2]。

Q6：通信标准的制定为何竞争如此激烈？

A：

电磁波的频率是客观存在的自然资源，是超越国家主权的物理存在。没有哪个国家能够对电磁波的使用权进行垄断。如果在全球范围内各个国家随意使用电磁波频率，则会造成一系列的混乱。为了解决

1　张华.华为的 5G 技术，源于这种数学方法.36 氪.2019.5.30
2　方兴东观察.中国在 5G 邻域真的领先美国了吗？搜狐科技.2019.7.10

这个问题，1998 年 12 月，成立了 3GPP 组织，它是移动通信产业的标准化机构，其成立的最初目的是帮助实现由 2G 网络到 3G 网络的平滑过渡，保证未来技术的兼容性。就像国家需要有政府的支撑，公司要有制度的管理，学校要有老师的引领一样，3GPP 充当的就是树立好规则、协调关系的角色。

随着 3GPP 组织的发展，3G、4G 乃至 5G 的通信技术标准，都需要通过 3GPP 内所有成员的确认，再由国际电信联盟（ITU）确认，实现全球各个国家有序地对新技术进行落地应用[1]。

华为、中兴、爱立信等通信设备生产商，在实际销售 5G 设备的时候竞争已经是后端的市场经营行为。实际上，5G 主导权之争从标准的制定阶段就已经开始了。通信行业真正激烈的较量是下一代通信技术的研发和标准制定。

设备生产商主要的利润来源就是移动基础设施的建设，以及后期针对设备的维修和优化。当一套技术标准被确定并普及以后，主导这个标准的厂商能够占有产业链中最多的好处，主要是这套技术标准中所包含的专利权。各地使用同一套技术标准，任何基站的建设都需要给专利所有方支付专利使用费。所以这个标准制定的过程

1　艾瑞咨询 . 5G 时代商业模式变革趋势报告 . 2018.11.7

事关重大。

尽管理论上3GPP确认一套技术的原则是考察其技术的优劣，但考虑到后期各国的基站建设都要统一成同一套技术标准，这也在考验厂商后期的实际支撑能力，也就是全球移动通信基站建设数量市场份额。因此，我国厂商若想获得5G标准制定的主动权，则需要厂商提高综合实力，提升市场供给能力。

Q7：中国发展5G还面临哪些困难？

A：

1.电信运营商成本压力较大

中国在2013年年底启动了4G商用，目前已走过5年多的历程。虽然5G牌照已经发放，但三大运营商在相当长的一段时间范围内将背负着四张网络并行、四代用户兼营的运营包袱。

根据历年财报的不完全统计，三大运营商在2014到2018这四年间，针对4G专项资本开支累计高达6000亿人民币，按照电信收发机械设备、交换中心、传输及其他网络设备以直线法在5至10年内冲销其成本的折旧会计原则计算，4G首年的第一笔专项资本开支也刚刚满足冲销年限而已。

前债未清，后账又至，三大运营商在5G建设和运营的道路上注定将是一段负重前行的艰难旅程，成本压力比较大[1]。

2. 终端不够成熟

5G牌照已发放，手机用户考虑到4G手机可能很快被换代，市场上持币待购5G手机的用户不在少数，这将严重影响当前手机终端厂商的4G手机出货量。特别对于那些在2019年上半年刚刚推出4G新机型的厂商而言，下半年的宣传重心必然转向5G手机产品，那么目前对于4G手机产品前期投入的广告营销费用将面临打水漂的风险[2]。

同时，虽然市场推广重心将在下半年转向5G手机，但短期内，5G手机的技术差强人意，这就会出现手机销售青黄不接的现象。

由于功耗和电池寿命等问题，5G手机还很难达到4G手机的制造水准和工艺，也将影响用户的购买意愿。

1　深度解读: 5G正式发牌，国内通信市场冷暖预判.ICT解读者.2019
2　5G商用加速手机终端厂商优胜劣汰.财经国家周刊.2019.6.21

3.尚未掌握核心技术

整体来看，我国5G技术水平处于领先地位。但是5G产业链较长，包括芯片、终端、基站、网络和应用。我国企业在5G基站、终端和其他网络设备上处于领先位置。但是在芯片领域，我们还有很大差距。

芯片自身的产业链，涵盖了设计软件、架构软件、芯片设计、芯片代加工以及封装测试等环节。尽管当前中国企业在芯片设计领域表现不错，但用于芯片设计的EDA工具软件却受制于国外三大巨头，分别是Synopsys和Cadence这两家美国公司，以及收购了Mentor的西门子公司。用于手机的芯片处理器设计，则需要ARM授权。

在芯片代加工方面，中国目前还缺乏可以依靠的企业。中芯国际代表了当前中国最高水平，但目前其14纳米技术尚未稳定，而5G需要更为高端的5纳米技术，因此，这方面仍面临着严峻挑战。同时，国外企业绝对不会把最先进的技术卖给中国企业。这就需要中国的工程师们自主攻克难关。

在终端领域，中国企业的芯片和操作系统研发和制造仍存在不足。目前，除了华为有自己的芯片以外，其他终端制造商使用的都是高通芯片，因此需要支付高额的专利费。同时，终端目前的操作系统有安卓和iOS两种，而安卓免费的只有很小一部分，主要的应用都需要授权。iOS 只供应苹果手机。这些都是硬件生产面临的巨大挑战[1]。

Q8：5G 来了，会不会让房价更低一点呢？

A：

我们发现，在一线城市，人才会聚集在一起，可以进行交流，面对面地互动，进行工作上的合作。大的城市拥有薪资较高的企业，拥有一流的学校，坐拥知名的医院。

如果 5G 技术和全息技术进一步融合，那么人们的生活和工作方式会发生一些改变。

比如，某个人需要从北京去上海参加一个论坛，在过去，这个人需要本人坐飞机或火车出差前往上海；那么，在 5G 时代，这个人在北京的演播室里面，通过接入 5G 网络，使用高清的 8K 摄像机，加上 AI 技术和全息技术的应用，就能够产生这个人的全息影像，"坐"在上海的会场里。他仿佛置身于此，很自然地和大家进行互动，参与话题的讨论和交流。观众们对这个影像的面部表情变化也会看得非常清晰。

教育领域，通过双师系统，在其他城市的学生也能接受一流名校

1　读懂科技.邬贺铨院士详解中国5G如何实力领先.2019.6.5

老师的授课，并获得同样的学位证书。同时，利用远程会诊技术，在家里就可以得到知明医生的诊治。

这样一来，一线城市的稀缺资源会随着科技的进步而更加公平地分配，不再受到地域的限制。那么，我们以后可能就不用再舟车劳顿来某一个地方开会，甚至，在一线城市工作和生活也变得没那么重要。

如此一来，我们可以生活在自己的家乡，或者其他偏远的城市，通过5G网络和全息技术来实现"身处"世界各地的愿望。如果这个愿望能够实现，那么供人类居住的房子，其价值也就缩水了。未来，全国的房价会不会更加均衡，甚至整体下降呢？这值得我们期待。

Q9：6G什么时候会到来

A：

事实上，6G研究工作已经开始了。2019年3月24日到26日，全球第一届6G无线峰会在芬兰召开，全球二百多名科研人员参与其中，对下一个十年的通信行业新标准进行讨论和规划。美国、日本、中国都已经启动6G研究工作。

回顾5G发展史，我们发现，中国是在2013年12月发放4G牌照，但是早在2013年2月，工业和信息化部、国家发展和改革委员会、科学技术部联合推动成立IMT-2020(5G)推进组，来推动5G的研发工作。所以，在一代通信技术商用的同时，新一代通信技术就已经走在研发的道路上了。

有专家指出，从技术理论上来说，6G下载速度可高达1TB每秒。目前移动通信服务的人口覆盖率为70%，但受制于经济成本、技术等因素，仅覆盖了20%的陆地面积，小于6%的地球表面积。我国目前还有80%以上的陆地面积、95%以上的海洋面积没有移动通信网络覆盖。那么，6G网络将构建一个覆盖陆海天空的全联接世界，并弥补5G所遗漏的相关技术问题。据媒体报道，我们国家在2018年就开始着手6G的研究工作，相关技术和标准化工作也在快速推进。

不管关于6G的构想有多丰富，就如同5G之于4G，未来的6G也一定是5G的持续演进。5G不足的，要靠6G来改进；而5G没有的，则要靠6G来扩展。

最后的话

当前，5G的热度远远超出了我们的想象。尤其是随着我国5G竞争实力的不断提升，全社会更加关注5G技术的发展趋势。人们对5G给予了前所未有的期盼。

在国家战略方面，2018年12月19日召开的中央经济工作会议上，政府明确指出"要加快5G商用步伐"。2019年6月6日，工业和信息化部正式发放了5G商用牌照。这比大部分人的预期要提前了半年，也预示着国家对5G技术的发展寄予了厚望。

在行业发展方面，越来越多的领域融入5G技术的应用当中。过去只是在通信领域探讨的技术创新，开始在各个行业落地开花。交通、金融、农业、传媒等行业都成为5G应用落地的先行阵地。各级政府正在加快市政基础设施的建设和开放共享，为5G网络的加快部署提供良好的环境。

对于普通用户来讲，大家也在关心什么时候可以购买一部5G手机，什么时候可以用上更新、更潮的应用。

总的来看，无论是国家、行业还是普通用户，大家都在关心一个最核心的问题，那就是，5G来了之后，会给我们的社会和生活带来哪些影响。其实对于这个问题，已经有越来越多的人给出了自己的答案。有的人认为5G是下一个改变世界的技术，中国可以引领这个技术的发展。这也说明了5G已经不仅仅是一项通信技术，而是寄托了很多人对技术强国、科技强国、网络强国的期待。

所以，在撰写这本书的时候，也是带着一种自豪感，甚至是荣誉感。但是，晦涩的技术原理对于没有技术背景的人来讲，还是一件非常难以理解的事情。所以，在写书的一开始，就想把这本书定位为一本大众能够轻松读懂的科普读物，做到直白通俗才是关键。让大家能够通过这本书对5G技术和信息通信技术有一定的了解，同时对于信息通信技术如何影响我们的经济生活带来些许启示。